"十四五"职业教育国家规划教材

Photoshop CC 2017 图像处理入门与实战

第2版

主　编　徐　峰　邵　曼
副主编　周曦曦　王　磊
参　编　王艳茹　王　皓　马磊磊

机械工业出版社

本书是"十三五""十四五"职业教育国家规划教材，通过案例式教学，介绍平面设计常用软件 Photoshop 的使用方法及新增功能。本书以培养职业能力为核心，对接行业标准，充分体现"做中学、做中教"的职业教育教学特色，以典型工作项目为载体，共同构建模块化能力递进式的课程体系。全书共分为 12 个项目：初识 Photoshop、选取和移动图像、绘制图像、编辑与润饰图像、设计与制作文字、制作 3D 效果、创建路径和矢量图形、使用通道和蒙版、海报设计、包装设计、封面和装帧设计、影楼后期制作。前 8 个项目为入门篇，后 4 个项目为实战篇，实战篇均来源于企业真实案例。每个项目都包括项目概述、职业能力目标、任务、项目拓展几个模块；而任务采用"任务情境""任务分析""任务实施"和"知识加油站"的编写结构，突出对学生实际操作能力的培养。

本书适合作为各类职业院校数字媒体技术应用、平面设计及相关专业的教材，也可以作为 Photoshop 初学者的自学参考书。

为方便学习和教学，本书配有电子课件、素材、相关教学视频和配套精品课程，选用本书作为授课教材的教师均可登录机械工业出版社教育服务网（www.cmpedu.com）免费注册下载，或联系编辑（010-88379194）咨询。

图书在版编目（CIP）数据

Photoshop CC 2017 图像处理入门与实战 / 徐峰，邵曼主编. -- 2 版. -- 北京：机械工业出版社，2025. 5. （"十四五"职业教育国家规划教材）. -- ISBN 978-7-111-78016-8

Ⅰ. TP391. 413

中国国家版本馆 CIP 数据核字第 2025KF0783 号

机械工业出版社（北京市百万庄大街 22 号　邮政编码 100037）
策划编辑：李绍坤　　　　　　责任编辑：李绍坤　侯　颖
责任校对：曹若菲　李　杉　　封面设计：马精明
责任印制：单爱军
保定市中画美凯印刷有限公司印刷
2025 年 6 月第 2 版第 1 次印刷
184mm×260mm・13.25 印张・264 千字
标准书号：ISBN 978-7-111-78016-8
定价：43.00 元

电话服务	网络服务
客服电话：010-88361066	机　工　官　网：www.cmpbook.com
010-88379833	机　工　官　博：weibo.com/cmp1952
010-68326294	金　书　网：www.golden-book.com
封底无防伪标均为盗版	机工教育服务网：www.cmpedu.com

前　言

随着计算机技术的飞速发展和图形图像处理技术的广泛应用，Photoshop 作为一款专业的图形图像处理软件，在各个领域都发挥着举足轻重的作用。它具有强大的照片、图像和设计编辑功能，可以帮助美术设计人员为作品添加艺术魅力，也可以为摄影师提供颜色校正和润饰、瑕疵修复及颜色浓度调整等功能。Photoshop 广泛应用于广告设计、数码照片处理、封面设计、产品外观设计等领域，在计算机平面设计中属佼佼者。本书根据党的二十大报告所提出的"教育、科技、人才是全面建设社会主义现代化国家的基础性、战略性支撑"，立足于培养各行业设计人才，选择了涉及多个领域的实用案例对 Photoshop 进行讲解。

相较于第 1 版，本书在以下几个方面做了显著的提升和变化。

- 内容更新：更新了 Photoshop 的相关技术和功能的介绍，对一些重要的知识点进行了细化和深入讲解，确保学生能够学习到前沿的图像处理技术。
- 教学方法与手段创新：提供配套的在线教学资源，如教学视频、PPT 课件等，方便学生进行自主学习和复习。本书通过项目式学习的方式，引导学生将所学知识应用于实际项目中，以提升实践能力和创新能力。
- 案例更新：随着设计趋势的变化，根据当前流行的设计风格、色彩搭配、排版技巧等增加了大量实际案例，涵盖平面设计、摄影后期、包装设计等多个领域，帮助学生快速掌握新功能和工具的应用，在实践中巩固所学知识，提升应用能力。

本书根据职业院校学生的学习特点，融合先进的教学理念，依据任务驱动、项目教学模式来组织教学内容，将工作中常用的理论知识和技能融合到任务中，从而避免枯燥地讲解理论知识，过程中强调"注重细节，追求品质"的工匠精神，注重对学生动手能力的培养。在内容上力求循序渐进、学以致用，通过任务让学生去掌握理论知识，通过案例拓展与巩固知识，达到举一反三的目的，增强学生自主学习的能力。

本书的主要编写特色有：

1）结构清晰，实用性强。本书注重实用性和操作性，结合行业发展趋势和企业需求，确定编写的重点领域和方向，加入了行业新技术、新工艺、新流程和新标准，通过大量案例和练习帮助读者掌握 Photoshop 技术。结构清晰明了，方便读者阅读和学习。本书由 12 个项目共 25 个任务组成，它们均来源于企业真实案例。每个任务具体采用"任务情境""任务分析""任务实施"和"知识加油站"的体例结构。这种结构的优势是："任务情境"从生活、工作中提取任务，描述任务情景和完成的效果；"任务分析"分析解决任务的思路,分析任务的重点与难点;"任务实施"图文并茂地讲解完成任务的具体操作方法和步骤;"知识加油站"详细描述任务涉及的知识和技能。附录中的考核评价表依据专业能力、方法能力和社会能力三方面制定,学生可根据评价内容和考核要求进行实际操作能力的评价和测试。

2)图文并茂,易于理解。本书包含大量的图片和示意图,有助于学生更直观地理解复杂的操作过程和概念。同时,本书的语言表述也简洁明了、易于理解,学生能够更快地掌握Photoshop的各项技能。

3)注重创新思维与创造力培养。本书不仅传授技能,还注重培养学生的创新思维和创造力。通过设计开放式项目拓展案例,鼓励学生尝试不同的设计方法和风格,激发学生的创造力和想象力,从而培养出具有创新精神的设计师。

4)融入思政元素,注重审美教育。本书引入优秀的设计作品和案例,引导学生欣赏和分析这些作品的美感和创意。通过审美教育,提升学生的审美素养和审美能力,使他们能够更好地理解和运用设计元素。本书结合实际案例巧妙地融入思政元素,以中国传统文化、传统建筑、传统节日、环保、奋斗等为主题设计任务,让学生在设计过程中深入了解中国文化的精髓,从而树立文化自信。

本书由徐峰、邵曼担任主编,周曦曦、王磊担任副主编,王艳茹、王皓、马磊磊参加编写。具体编写分工是:徐峰、邵曼总体把握编写框架,徐峰负责项目1的编写,邵曼负责项目2、项目4和项目11的编写,王磊负责项目3和项目10的编写,马磊磊负责项目5的编写,周曦曦负责项目6、项目8和项目12的编写,王皓负责项目7的编写,王艳茹负责项目9的编写。感谢安徽中塑包装科技有限公司提供案例并参与项目9、项目10、项目11、项目12的编写。

各项目教学学时安排建议如下。

篇	项目内容	教学学时	
		讲授与上机	说明
入门篇	项目1 初识Photoshop	4	建议在实训室组织教学,讲练结合
	项目2 选取和移动图像	8	
	项目3 绘制图像	8	
	项目4 编辑与润饰图像	6	
	项目5 设计与制作文字	8	
	项目6 制作3D效果	8	
	项目7 创建路径和矢量图形	8	
	项目8 使用通道和蒙版	8	

(续)

篇	项目内容	教学学时	
		讲授与上机	说明
实战篇	项目9 海报设计	12	建议在实训室组织教学,讲练结合
	项目10 包装设计	12	
	项目11 封面和装帧设计	12	
	项目12 影楼后期制作	12	
合计		106	

由于编者水平有限,书中难免有疏漏和不妥之处,恳请广大读者批评指正。

编 者

二维码索引

名称	图形	页码	名称	图形	页码
1 认识 Photoshop		2	9 制作特效文字		82
2 Photoshop 基本命令与操作		15	10 设计制作海报文字		87
3 制作卡通插画		30	11 设计精致的立体标牌		94
4 设计卡通风格宝宝照片		36	12 制作产品包装盒立体效果		99
5 绘制轻纱壁纸		46	13 制作雨水节气主题文字		108
6 绘制圆锥体		53	14 制作中式红木家具海报		117
7 打造人物分身照		64	15 人物面部美容		126
8 修复污渍照片		69	16 抠出繁密的树枝		130

(续)

名称	图形	页码	名称	图形	页码
17 设计工匠精神宣传海报		142	21 设计中式婚庆CD封面		178
18 设计劳动教育海报		149	22 设计精装书籍封面		183
19 设计巧克力包装		160	23 设计时尚个人写真照片		194
20 设计月饼包装		165	24 设计中国风儿童写真照片		198

目　录

前言

二维码索引

项目 1　初识 Photoshop 1
　　任务 1　认识 Photoshop 2
　　任务 2　Photoshop 基本命令与操作 14
　　项目拓展 26

项目 2　选取和移动图像 29
　　任务 1　制作卡通插画 30
　　任务 2　设计卡通风格宝宝照片 36
　　项目拓展 43

项目 3　绘制图像 45
　　任务 1　绘制轻纱壁纸 46
　　任务 2　绘制圆锥体 53
　　项目拓展 61

项目 4　编辑与润饰图像 63
　　任务 1　打造人物分身照 64
　　任务 2　修复污渍照片 69
　　项目拓展 78

项目 5　设计与制作文字 81
　　任务 1　制作特效文字 82
　　任务 2　设计制作海报文字 86
　　项目拓展 91

项目 6　制作 3D 效果 93
　　任务 1　设计精致的立体标牌 94
　　任务 2　制作产品包装盒立体效果 99
　　项目拓展 104

项目 7　创建路径和矢量图形 107
　　任务 1　制作雨水节气主题文字 108
　　任务 2　制作中式红木家具海报 117
　　项目拓展 123

项目 8　使用通道和蒙版 125
　　任务 1　人物面部美容 126
　　任务 2　抠出繁密的树枝 130
　　项目拓展 138

项目 9　海报设计 141
　　任务 1　设计工匠精神宣传海报 142
　　任务 2　设计劳动教育海报 148
　　项目拓展 157

项目 10　包装设计 159
　　任务 1　设计巧克力包装 160
　　任务 2　设计月饼包装 165
　　项目拓展 175

项目 11　封面和装帧设计 177
　　任务 1　设计中式婚庆 CD 封面 178
　　任务 2　设计精装书籍封面 183
　　项目拓展 191

项目 12　影楼后期制作 193
　　任务 1　设计时尚个人写真照片 194
　　任务 2　设计中国风儿童写真照片 198
　　项目拓展 202

附录 203

参考文献 204

项目 1
初识 Photoshop

项目概述

　　Photoshop 是功能强大的图形图像处理软件,集设计、图像处理和图像输出于一体,广泛应用于平面设计、网页设计、海报制作、图像后期处理、相片处理、手绘等领域。它可以帮助美术设计人员为作品添加艺术魅力,也可以为摄影师提供颜色校正和润饰、瑕疵修复及颜色浓度调整等功能。此外,从事平面广告、建筑及装饰装潢等行业的设计人员通过 Photoshop 中的绘图、通道、路径和滤镜等多种图像处理手段,可以设计出高质量的平面作品。要熟练掌握 Photoshop,首先应熟悉 Photoshop 的工作界面,了解有关图形图像处理的基础知识,熟练掌握相关操作。通过本项目的学习,可初步了解 Photoshop,为后续学习打下基础。

职业能力目标

知识目标

- 了解 Photoshop 的界面及各组成部分的作用。
- 掌握图像处理的基本概念和基础知识。
- 熟练掌握 Photoshop 的基本命令与操作方法。

能力目标

- 能自定义 Photoshop 的工作界面。
- 能熟练使用 Photoshop 进行文件的新建、打开、保存,以及尺寸与画面大小的修改等基础操作。

素养目标

- 通过欣赏与处理图片,欣赏美、感受美,陶冶情操。
- 通过作品展示,体验成功,激发学习 Photoshop 的兴趣。

任务 1　认识 Photoshop

任务情境

Photoshop 功能强大、易学易用，如果想熟练掌握该软件，需先对 Photoshop 有初步的了解和认知。本任务将介绍其基本工作界面、各组成部分的作用及 Photoshop CC 版本的功能，为以后的学习打下坚实的基础。

任务分析

与其他图形图像处理软件相比，Photoshop 功能更丰富。

本任务难度不大，但涉及的知识点及专业名词较多，需要认识 Photoshop 的工作界面，掌握启动、退出方法，以及对工作区中各组成部分的相关操作。

任务实施

1. 认识 Photoshop

1 认识 Photoshop

Photoshop 是由美国 Adobe 公司推出的一款跨平台的优秀图形图像处理软件，深受图像设计人员的欢迎，集图像扫描、编辑修改、图像制作、广告创意、图像输入与输出等功能于一体，被广泛应用于广告、影视娱乐和建筑等许多领域。

2. 启动 Photoshop

选择"开始"菜单/"所有程序"/"Adobe Photoshop"命令，出现图 1-1 所示的 Photoshop 启动界面。

图 1-1　Photoshop 启动界面

Photoshop 的启动方法不止一种：若在桌面上创建有 Photoshop 的快捷启动方式，双

项目1　初识 Photoshop

击快捷启动图标也可以快速启动 Photoshop；双击 .psd 文件也能打开 Photoshop。

3．Photoshop 的工作界面

Photoshop 启动完成后，进入 Photoshop 的基本工作界面，它包括应用程序窗口和图像窗口两大部分。Photoshop 程序的工作界面又叫工作区。Photoshop 工作区由菜单栏、工具箱、工具选项栏、控制面板组、选项卡式图像窗口、状态栏几个基本元素组成，如图 1-2 所示。

图 1-2　Photoshop 工作界面

（1）菜单栏

双击菜单栏左侧的控制按钮可退出软件，单击它则会显示控制菜单，通过控制菜单中的命令可以实现最小化、移动、改变大小、还原/最大化等操作，如图 1-3 所示。

Photoshop 的菜单栏中有 11 类基础菜单，利用不同类型的菜单可以实现基础操作及绘制图形、修改图像、渲染等复杂操作。菜单栏右侧的三个控制按钮用于实现窗口的最小化、最大化/还原、关闭操作。

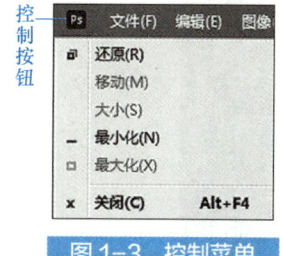

图 1-3　控制菜单

（2）工具箱

在制图过程中，工具不可或缺，使用频率很高。工具箱包含了 Photoshop 中所有的工具。有些工具右下角带有三角形箭头标记，比如，表示这是一个工具组，通过长按或右击可以从展开的组中选择需要的工具。

(3) 工具选项栏

工具选项栏由工具预置区、参数设置区组成。当用户选择一个工具后，在工具选项栏中显示该工具的相关信息和参数。例如，单击"矩形选框工具"，相应的工具选项栏如图1-4所示。在其中用户可以对各参数进行设置，从而制作出不同的选区。

图1-4 工具选项栏

(4) 控制面板组

控制面板组是Photoshop在进行图像处理时的主要部件。

在默认的"设计"工作区下显示三个面板组：图层面板组、颜色面板组、样式面板组。每个面板组又由几个面板组成，如图1-5所示，"图层"面板组由三个面板"图层""通道"和"路径"组成。面板组可以根据需要显示、隐藏、展开、折叠、拆分或组合。后面将详细进行说明。

(5) 图像窗口

单击图像窗口上方相应的选项卡，可在各图像窗口间切换。指向选项卡处，按住不放进行拖动可以将窗口变成浮动模式（见图1-6）；反之，将其拖回选项卡位置处，可将浮动模式变为合并模式（见图1-7）。

图1-5 面板组

图1-6 图像窗口的浮动模式

图1-7 图像窗口的合并模式

(6) 状态栏

状态栏位于窗口底部，显示当前图像窗口的状态信息，包括窗口显示比例、文档大小等。在"显示比例"文本框中输入比例后按<Enter>键可以更改图像的显示比例，单击文档大小右侧的三角形按钮可以显示其他状态信息，如图1-8所示。

项目 1　初识 Photoshop

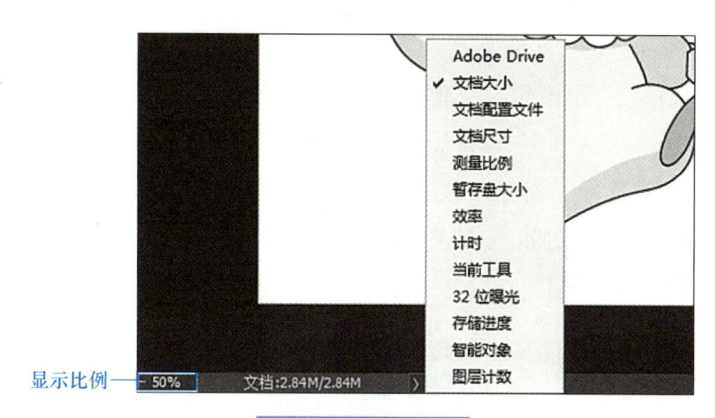

图 1-8　状态栏

4．退出 Photoshop

单击应用程序窗口右上角的"关闭"按钮，或者选择"文件"菜单中的"退出"命令都可以退出 Photoshop 应用程序。如果 Photoshop 是当前程序窗口，也可按 <Alt+F4> 组合键快速退出。

5．工作区的使用

（1）切换工作区

不同工作区模式下显示的组成元素及位置都有所不同。选择"窗口"菜单／"工作区"中的命令可以切换到相应的工作区，默认为"基本功能"工作区。

（2）新建工作区

选择"窗口"菜单／"工作区"／"新建工作区"命令，弹出"新建工作区"对话框，如图 1-9 所示。在该对话框中可将当前自定义的工作区存储起来，以便今后使用。

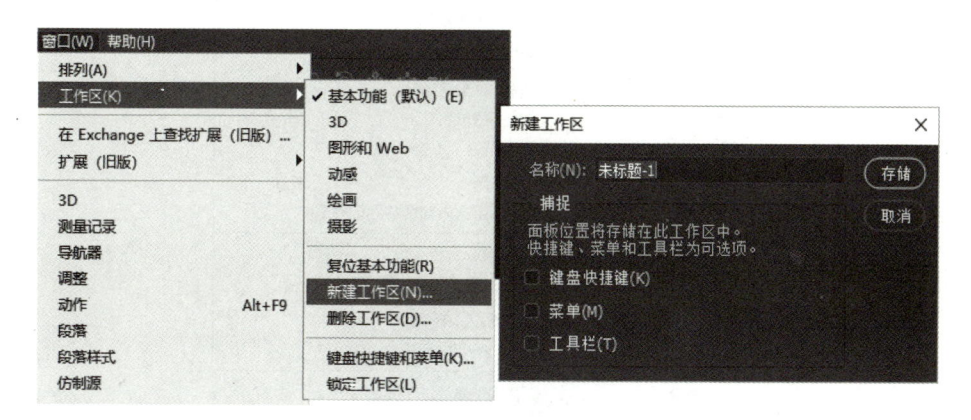

图 1-9　新建工作区

（3）删除工作区

选择"窗口"菜单／"工作区"／"删除工作区"命令，弹出"删除工作区"对话框，选择要删除的工作区，单击"删除"按钮即可。

— 5 —

（4）重置工作区

选择"窗口"菜单/"工作区"/"基本功能（默认）"命令，工作区将恢复到 Photoshop 默认的工作区状态。

如果对当前工作区进行了改变，可以选择"窗口"菜单/"工作区"/"复位***"命令进行复位。比如对当前基本功能工作区进行了改变，可以选择"窗口"菜单/"工作区"/"复位基本功能"命令进行复位。

> **说明** 按 <Tab> 键可以快速显示或隐藏工作区中的工具箱、工具选项栏和控制面板组。

6. 管理窗口

（1）控制图像显示模式

图像显示模式有三种：标准屏幕模式、带有菜单栏的全屏模式、全屏模式。默认模式为标准屏幕模式。

标准屏幕模式下，菜单栏位于顶部，滚动条位于侧面；带有菜单栏的全屏模式有菜单栏和 50% 灰色背景，但没有标题栏和滚动条；全屏模式只有黑色背景的全屏窗口，无标题栏、菜单栏和滚动条。

选择"视图"菜单/"屏幕模式"中三种模式中的任意一种进行切换。

（2）排列窗口和切换当前窗口

排列窗口：选择"窗口"菜单/"排列"/"全部水平拼贴"命令，改变排列方式为拼贴模式。窗口的排列方式有很多种，如图 1-10 所示。

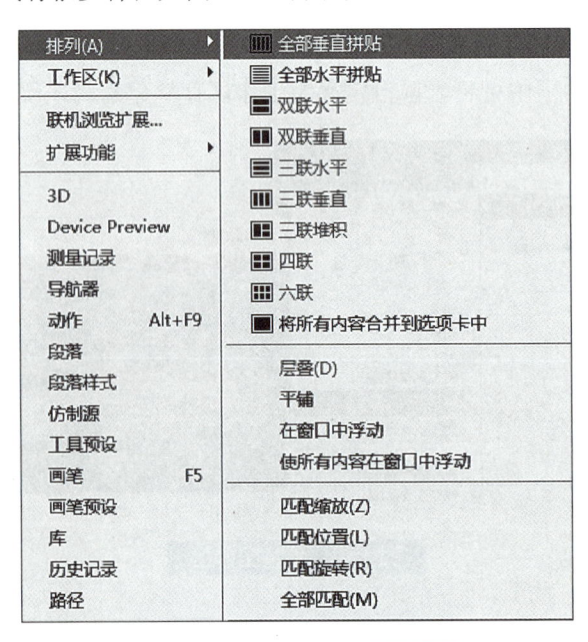

图 1-10 窗口的排列方式

切换当前窗口：单击相应图像窗口的选项卡即可进行切换。

项目1　初识Photoshop

(3) 改变窗口的位置和大小

改变窗口位置：对于浮动窗口，将鼠标指针指向图像窗口标题栏处，按下鼠标左键并拖到目标位置再松开鼠标左键即可。

改变窗口大小：当窗口处于浮动状态下，将鼠标指针指向图像窗口上、下、左、右边框或四个拐角处，按住鼠标左键不放拖动改变大小。

(4) 改变图像显示比例

选择工具箱中的缩放工具 ，单击画布区域进行放大；按住 <Alt> 键的同时单击画布区域可以缩小图像显示。

> **说明**　在状态栏直接输入显示比例，或选择"视图"菜单中的"放大"（<Ctrl+"+">）、"缩小"（<Ctrl+"-">）、"按屏幕大小缩放"（<Ctrl+0>）、"实际像素"（<Ctrl+1>）、"打印尺寸"命令都可以根据实际需要改变图像的比例。

(5) 移动图像窗口工作区

运用缩放工具 放大图像，选择工具箱中的抓手工具 ，再将鼠标移动到图像编辑区可移动图像，改变工作区的位置。

7．控制面板组的使用

(1) 显示或隐藏控制面板组

单击"窗口"菜单中相应的面板项即可显示或隐藏该面板，如图1-11所示。有对勾的表示该面板是显示状态，没有对勾的表示该面板是隐藏状态。

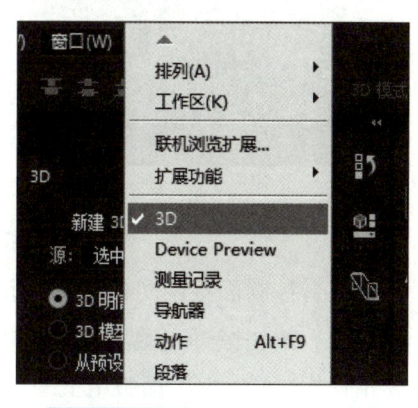

图1-11　面板的显示与隐藏

> **说明**　按 <Shift+Tab> 组合键可以快速显示或隐藏所有面板组。

(2) 展开与折叠控制面板组

单击面板组上的 按钮可以在折叠面板状态和展开成图标状态间切换，如图1-12所示。

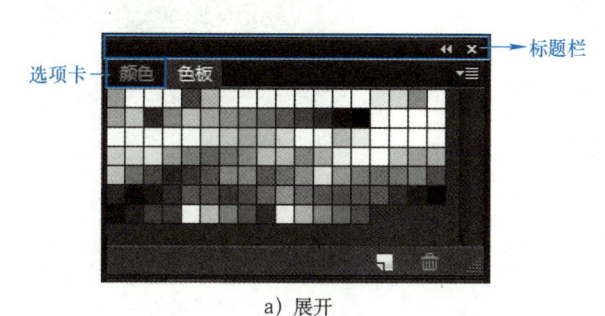

a) 展开　　　　b) 折叠

图1-12　面板组的展开与折叠状态

— 7 —

(3) 改变控制面板组大小

移动鼠标指向面板边框或拐角处，按住鼠标左键并拖动可以改变面板的大小。

(4) 组合控制面板或控制面板组

组合控制面板组：将鼠标指针指向需组合的面板组的标题栏空白处，按住鼠标左键不放，将其拖至需要组合到的面板组的选项卡处，释放鼠标左键即可将两个面板组组合成一个面板组。比如，可以把"库"面板组通过拖拽的方式组合到"颜色"面板组中，如图 1-13 所示。

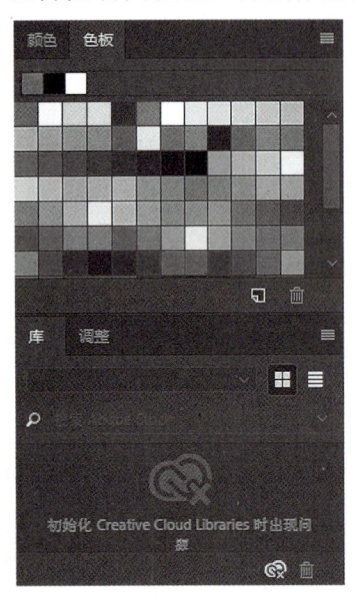

a) 组合前 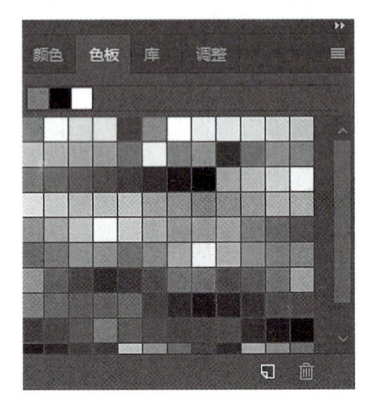　　　　　　　　　　b) 组合后

图 1-13　组合控制面板组

组合控制面板：同样也可以将一个面板与其他面板组组合。将鼠标指针指向面板的选项卡处，按住鼠标左键不放，将其拖动到其他面板组选项卡处即可实现组合。比如，将鼠标指针指向"字符"面板组上的"段落"面板选项卡处，按住鼠标左键，将其拖至"图层"面板组标题栏处即可实现组合。

(5) 拆分控制面板

在使用过程中，根据需要可以将某一面板单独拆分出来。将鼠标指向需要拆分的面板选项卡处，按住鼠标左键不放，将其拖动到面板组以外的位置即可，如图 1-14 所示。

a) "图层"面板拆分前　　　　　　　　　　b) "图层"面板拆分后

图 1-14　拆分面板组

项目 1　初识 Photoshop

（6）复位控制面板

默认面板的摆放位置为设计工作区模式，选择"窗口"菜单/"工作区"/"复位基本功能"命令，可以将面板组复位到默认工作区的原始状态。同样，如果在绘图工作区模式下要复位，则选择"窗口"菜单/"工作区"/"复位绘图"命令。同理，要复位到排版规则、摄影工作区模式操作是类似的。

8．标尺的使用

标尺、网格和参考线在处理图像或制图过程中起辅助作用，主要用于定位图像、对齐、分割图像等。

（1）标尺的作用

应用标尺可以确定图像窗口中图像的大小和位置。显示标尺后，不论放大或缩小图像，标尺上的测量数据始终以图像尺寸为准。标尺分垂直标尺和水平标尺。

（2）显示与隐藏标尺

单击"视图"菜单/"标尺"选项，出现对勾时标尺显示。该操作也可通过按<Ctrl+R>组合键实现。

（3）改变度量单位

在标尺上右击将显示度量单位，也可以直接在标尺上双击进行设置。

（4）改变标尺原点的位置

将鼠标指针移至两标尺的交汇处，即标尺原点，按下鼠标左键不放，拖拽到适当位置处释放，可改变标尺原点的位置。

> **说明**　在标尺交汇处双击可以快速恢复标尺的原点坐标。

9．参考线的使用

（1）参考线的作用

参考线是负载在整个图像上的直线，可以对其进行移动、删除或锁定操作，它不会随图像一起被保存或打印。它的主要作用是精确分割图片，协助对象对齐和定位。

（2）创建参考线

直接从标尺处拖出垂直、水平参考线。若需要精确设置，可选择"视图"菜单/"新建参考线"命令（或在标尺处右击，在弹出的快捷菜单中选择"新建参考线"命令），在弹出的图 1-15 所示的"新建参考线"对话框中进行精确设置。

图 1-15　"新建参考线"对话框

（3）移动参考线

选择移动工具，将鼠标指针指向参考线处，按住鼠标左键不放进行拖动。

— 9 —

(4) 删除参考线

要删除参考线，可将参考线拖回标尺处，或选择"视图"菜单 / "清除参考线"命令。

(5) 锁定参考线

选择"视图"菜单 / "锁定参考线"命令，锁定参考线。参考线被锁定后，不能用鼠标进行移动，也不能隐藏，从而在制图过程中不会因为鼠标的误操作而改变参考线的位置。也可按 <Ctrl+Alt+;> 组合键进行锁定。

(6) 设置参考线

指向已设置的参考线处双击，弹出图 1-16 所示的对话框，在这里可设置参考线的颜色和样式。

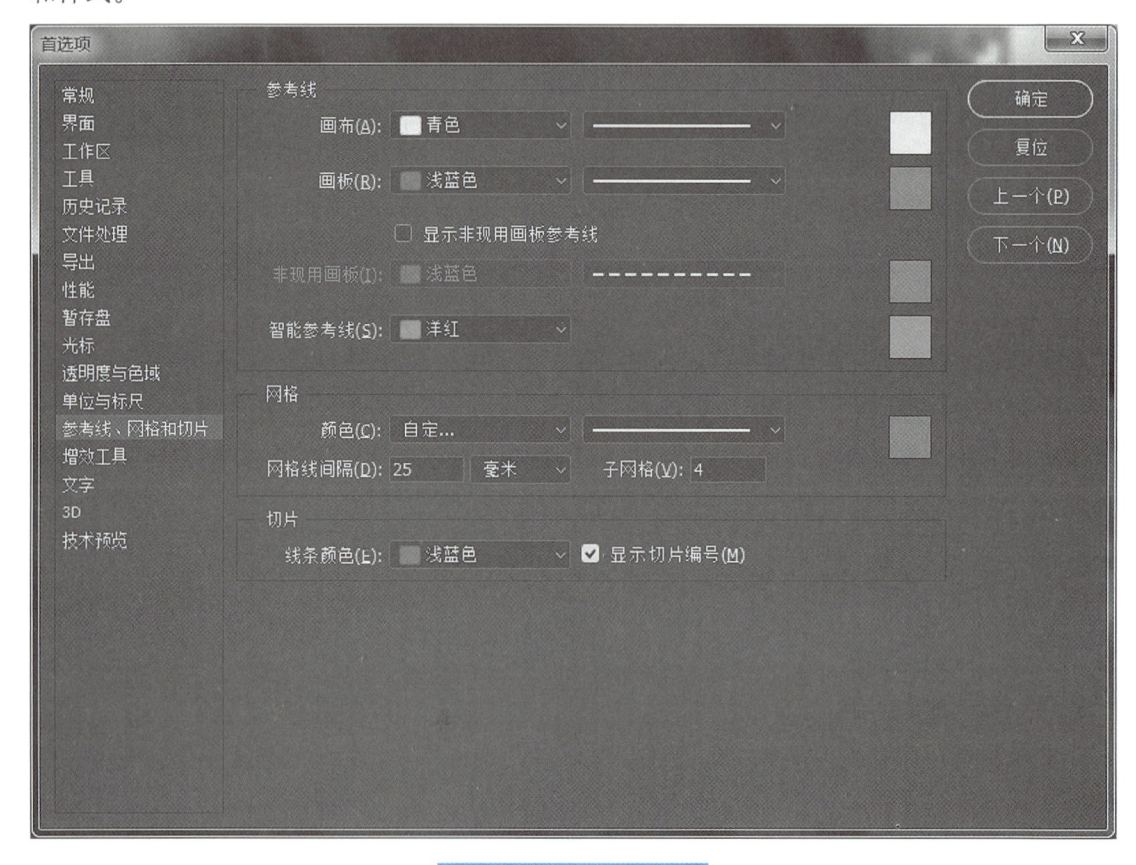

图 1-16 设置参考线

(7) 显示和隐藏参考线

单击"视图"菜单 / "显示" / "参考线"选项，选项前出现对勾为显示状态，没有对勾则为隐藏状态。也可按 <Ctrl+;> 组合键。

10．网格的使用

(1) 网格的作用

网格由多条水平和垂直的线条组成，在绘制图像或对齐窗口中对象时，可以使用网格来进行辅助操作。与标尺一样，网格不会被保存在图像中也不会被打印。

（2）显示与隐藏网格

单击"视图"菜单/"显示"/"网格"选项，选项前有对勾为显示状态，没有对勾则为隐藏状态。也可按＜Ctrl+'＞组合键。

11．工具箱的使用

工具箱在图像处理过程中使用频率极高，要熟练掌握工具箱中各工具及其作用。

（1）工具箱的组成与功能

工具箱的组成如图 1-17 所示。

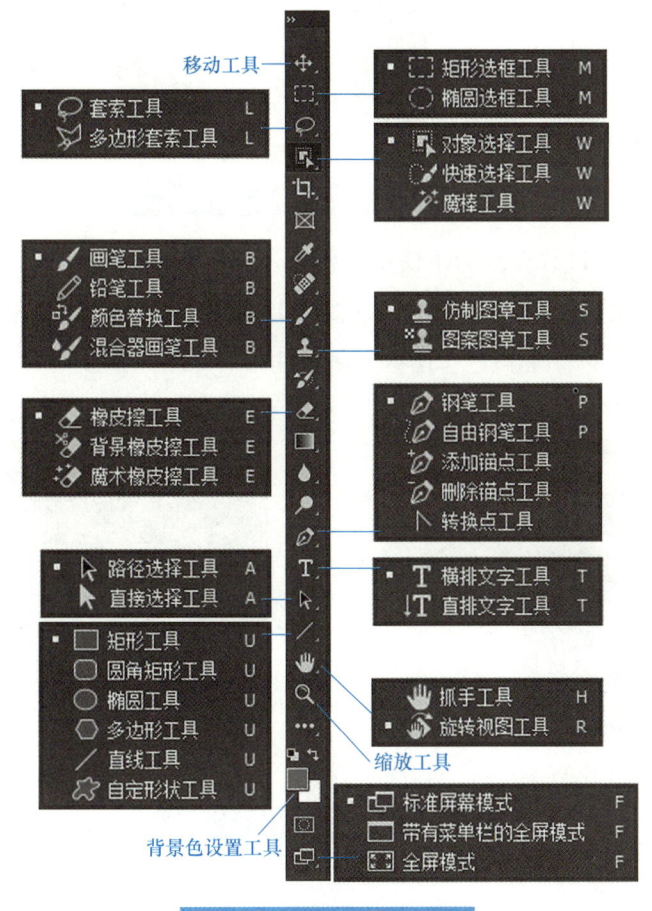

图 1-17　工具箱的组成

移动工具：用于移动被选中图层的整个画面或被选中的选区内的图像（若选区为空则不能移动）。

缩放工具：单击画布区域放大图像，按住＜Alt＞键的同时单击画布区域则缩小图像。

背景色设置工具：单击上方正方形设置前景色，单击下方正方形设置背景色。按＜Alt+Delete＞组合键可快速填充当前图层或选区颜色为前景色，按＜Ctrl+Delete＞组合键可快速填充当前图层或选区颜色为背景色。

说明
1）按 <Shift+ 工具上提示的字母 > 组合键，可以快速切换工具。
2）长按工具组图标或右击图标会显示该工具组中的所有工具，根据需要单击选取。

（2）工具箱的使用

Photoshop 中工具箱具有伸缩功能，通过单击伸缩按钮可在双栏和单栏间进行切换，如图 1-18 所示。

a) 单栏　　　　b) 双栏

图 1-18　工具箱的单、双栏模式

工具箱的位置也可以改变。为了使用方便，工具箱可以悬浮在桌面上的任意位置，也可以停靠在程序窗口的左、右边框线内侧，如图 1-19 所示。拖动工具箱顶部可以实现工具箱位置的改变。拖动工具箱至窗口左侧或右侧边框线处会出现吸附状态，释放鼠标左键，工具栏则停靠在相应一侧。

a) 停靠状态　　　　b) 悬浮状态

图 1-19　改变工具箱的位置

知识加油站

1．Photoshop 的优化设置

自定义组合键：选择"编辑"菜单/"键盘组合键"命令，在弹出的对话框中设置。通常情况下，不建议用户进行修改。

2．预设 Photoshop

Photoshop 的设置包括"常规"选项、"文件处理"方式、"性能""光标""透明度与色域""单位与标尺""参考线、网格和切片""增效工具"及"文字"等方面的设置，其中单位与标尺、参考线及网格在前面已经介绍过，这里不再赘述，下面来介绍其他几个常用的设置。

（1）设置用户界面

选择"编辑"菜单/"首选项"/"界面"命令，在弹出的图1-20所示的对话框中进行设置。

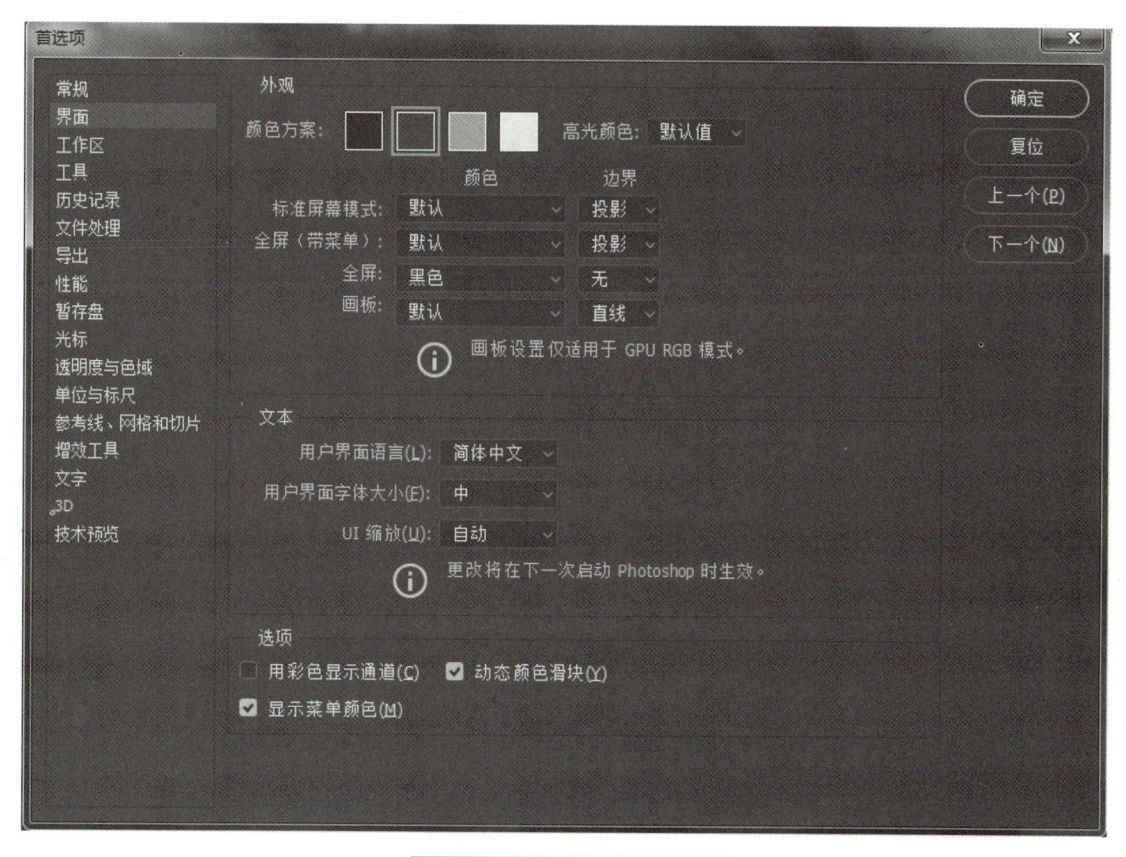

图1-20 "界面"选项卡

（2）设置常规选项

单击"首选项"对话框中的"常规"选项卡，进入"常规"界面进行设置。

"拾色器"下拉列表框：用于设置颜色拾取器，有"Windows"和"Adobe"两个选项。

"图像插值"下拉列表框：用于设置插值方法。

（3）设置文件处理方式

单击"首选项"对话框中的"文件处理"选项卡进入"文件处理"界面进行设置。

"图像预览"下拉列表框：用于设置是否保存图像预览缩略图。

"文件扩展名"下拉列表框：用于设置文件扩展名的大小写。

"文件兼容性"选项区域：用于决定是否让文件最大限度向后兼容。

"近期文件列表包含"文本框：用于设置在"文件"菜单/"最近打开的文件"子菜单中列出的最近打开的文件个数。

（4）设置光标

单击"首选项"对话框中的"光标"选项卡，进入"光标"界面进行设置。

"绘画光标"选项区域：用于设置在绘画时鼠标指针的形状。

"其他光标"选项区域：用于设置其他工作模式下的鼠标指针形状。

（5）设置内存和暂存盘

单击"首选项"对话框中的"性能"选项卡，进入"性能"界面进行设置。

在处理图像时非常占用内存资源，如果图像文件过大，就会出现内存不足而使图像不能打开或程序停止响应等情况。如果在运行 Photoshop 的同时不会运行其他较大的程序，可以将"内存使用情况"中的"让 Photoshop 使用"提高到 70%～90%。注意，不要提高到 100%，因为需要为其他一些程序保留一些空间。

暂存盘是 Photoshop 软件系统在硬盘上开辟的一些空间，用于存放临时文件。默认为操作系统安装的硬盘分区 C 盘。通常操作系统启动后会占用大量空间，如果再运行 Photoshop，空间会明显不足，当达到一定程度，Photoshop 会提示内存不足，并且无法完成一些比较复杂的操作。最好是将第一暂存盘设置为其他硬盘剩余空间较大的硬盘分区，还可以设置第二、第三及第四暂存盘。这样如果一个暂存盘满了，系统会自动跳转到其他硬盘分区存储临时文件。

"历史记录状态"文本框：在该文本框中可以设置历史记录的最大条数。

任务 2　Photoshop 基本命令与操作

任务情境

制作第一个图像文件"小树 .jpg"，学习图像文件的基本操作。

任务分析

首先需要在启动 Photoshop 的基础上新建一个文件，进行一些简单的编辑操作，例如更改图像大小、修改颜色等后，将图像分别保存成 PSD 和 JPG 格式，制作完后关闭文件。如要再次处理需打开文件，PSD 格式保留了图层信息，较为合适修改，而 JPG 格式中所有图层已经合并。

项目1 初识Photoshop

任务实施

1．创建图像文件

选择"文件"菜单/"新建"命令，或按<Ctrl+N>组合键，弹出图1-21所示的"新建文档"对话框。在对话框右侧输入文档名称"小树"，设置宽度和高度分别为10厘米和8厘米，分辨率为100像素/英寸，背景内容为"白色"。

2 Photoshop 基本命令与操作

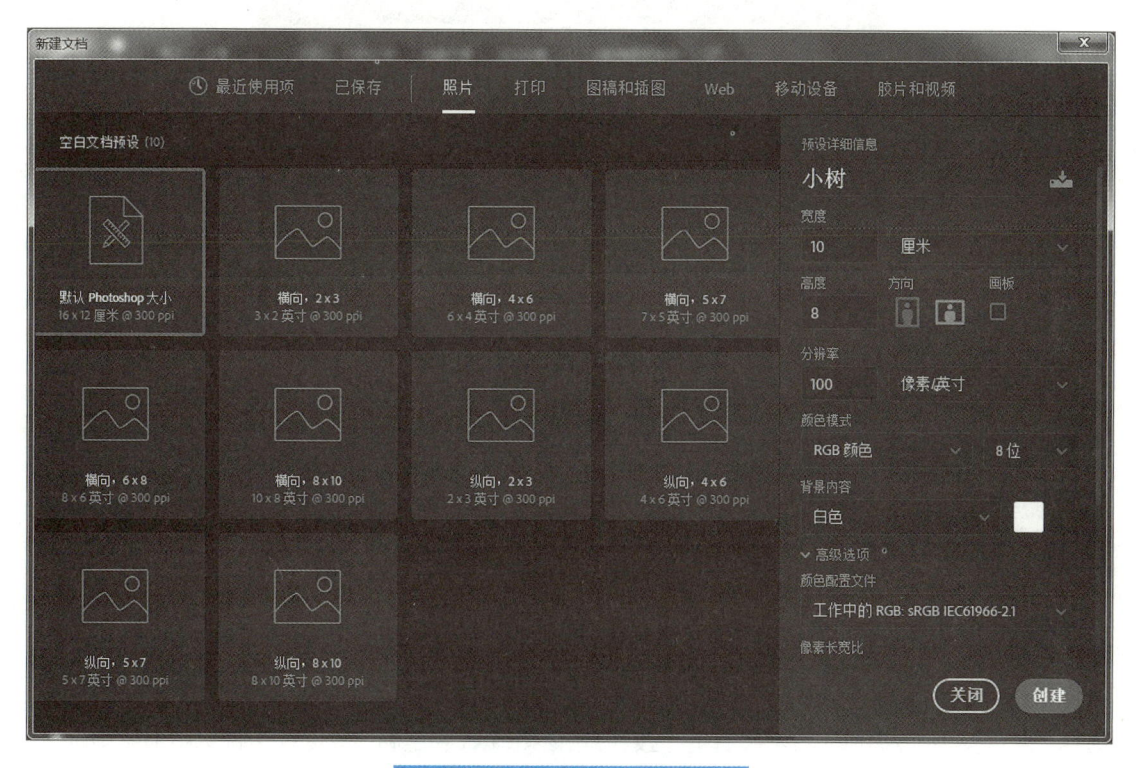

图1-21 "新建文档"对话框

对"新建文档"中几个重要设置项说明如下。

1）尺寸：通过"高度"和"宽度"文本框可自定义文件大小。度量单位默认为"厘米"，若要采用其他度量单位，可以在度量单位下拉列表框中选择。

2）分辨率：分辨率越高，图像越清晰，但运行速度越慢，容量越大。例如，包装印刷一般采用300像素/英寸、写真采用100像素/英寸、喷绘采用72像素/英寸。

3）"背景内容"下拉列表框：用于设置背景颜色，有白色、透明、背景色三种可选。当选择"背景色"时创建的文档颜色与工具箱中设置的背景色一致。

4）"颜色模式"下拉列表框：用于设置图像的颜色模式，有RGB颜色、位图、灰度、CMYK颜色、Lab颜色等几种可选。在后面的下拉列表框中可选颜色位数，颜色位数越多，颜色越丰富。

— 15 —

2. 图像的颜色模式

在 Photoshop 中，颜色模式决定了用来显示和打印的文档颜色模型。除了能确定图像中显示的颜色数之外，颜色模式还影响图像的通道数和文件大小，例如，RGB 有三通道，CMYK 有四通道。Photoshop 中颜色模式有 8 种，如图 1-22 所示。常用的颜色模式包括 RGB 颜色（红、绿、蓝）、CMYK 颜色（青、洋红、黄、黑）、索引颜色、灰度。设置颜色模式的方法：选择"图像"菜单/"模式"中的相应选项。

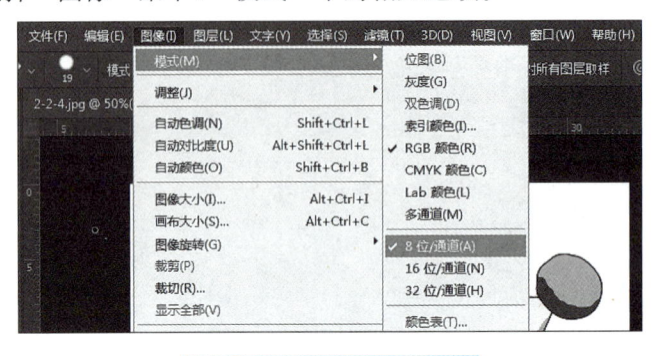

图 1-22 设置颜色模式

说明 图 1-22 所示的"8 位 / 通道"是指每通道颜色用 8 位表示，所以每通道有 $2^8=256$ 种不同亮度变化。Photoshop 中默认为 8 位通道，用户可以自行在图 1-22 所示的菜单项中选择。

3. 保存图像文件

选择"文件"菜单/"存储为"命令，弹出"存储为"对话框。在选择了存储位置后，选择图像格式为 PSD，单击"保存"按钮或按 <Enter> 键确定，保存文件为"小树 .psd"。

再次选择"文件"菜单/"存储为"命令，弹出"存储为"对话框。在选择存储位置后，选择"保存类型"为 JPG，单击"保存"按钮或按 <Enter> 键确定，保存文件为"小树 .jpg"。

在"存储为"对话框中可以选择要保存成的文件格式，格式有多种，如图 1-23 所示。

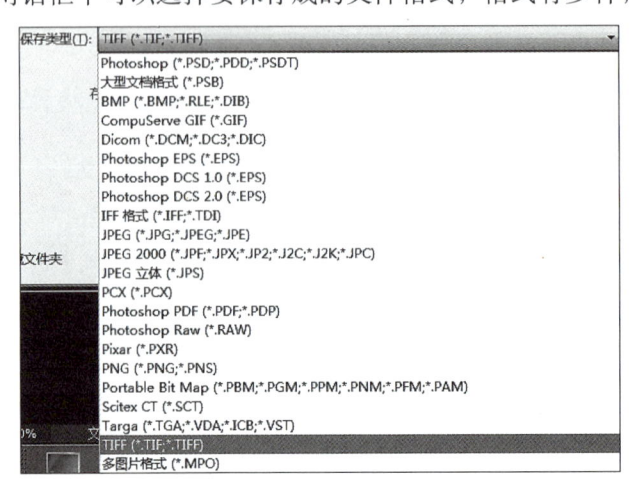

图 1-23 文件类型列表

项目1 初识 Photoshop

其中，保留图层的文件格式有 PSD 格式与 TIFF 格式。但以 TIFF 格式进行保存时，要选中"图层"与"Alpha 通道"复选框，这样在保存图像的同时才能保存图层与通道，能真正达到无损压缩图像存储。

4．关闭图像文件

选择"文件"菜单/"关闭"命令，或按<Ctrl+W>组合键可以关闭当前编辑的图像文件，也可以单击图像文件选项卡上的关闭按钮 进行关闭。

关闭图像文件与退出 Photoshop 应用程序的关系：关闭一个图像文件不影响其他图像文件的编辑，退出 Photoshop 应用程序时所有打开的文件将都被关闭，被编辑过的文件会弹出提示框询问是否保存。

5．打开图像文件

选择"文件"菜单/"打开"命令，或按<Ctrl+O>组合键，弹出"打开"对话框，在其中选择项目 1/ 任务 2 素材文件夹中的"小树.psd"文件，单击"打开"按钮即可将其打开。若要打开连续或不连续的多个文件时，可分别在按下<Shift>键或<Ctrl>键的同时进行选择。如图 1-24 所示，按住<Ctrl>键的同时依次单击素材文件夹中的三个文件，单击"打开"按钮则可同时打开三个文件。

图 1-24 "打开"对话框

6．置入图像文件

通过"置入"命令，可以将不同格式的文件导入当前正在编辑的文件中，并转换为智能对象图层。对于此类图层，Photoshop 中的部分功能不可用。

1）选择"文件"菜单/"置入嵌入对象"选项，弹出图 1-25 所示的对话框，选择素材文件夹中的"苹果.gif"图像文件，单击"置入"按钮，置入图像。通过拖动 8 个控制点可以改变置入图像的大小，按<Enter>键确认。

图 1-25 "置入嵌入对象"对话框

> **说明** 在置入前，先通过单击"图层"面板中相应图层的方法选择"小树.psd"的最上层，否则置入的图像有可能被遮盖从而无法显示。

2）采用同样的方法多置入几张苹果图像，调整它们的大小和位置，如图1-26所示。也可以用按<Ctrl+J>组合键的方法多复制几个苹果图层，然后调整每个苹果图层的大小和位置，实现同样的效果。

图 1-26 置入多张苹果图像

7．编辑图像文件

（1）裁切图像

选取工具箱中的裁切工具，将鼠标指针移动到图像窗口处，在需要裁切的起始位置按下鼠标左键，拖动到适合位置释放鼠标左键，如图1-27所示，按<Enter>键后确认剪裁。

（2）调整画布尺寸

画布是指实际打印的工作区域，改变画布大小会直接影响最终的输出结果。选择"图像"菜单/"画布大小"命令，或按<Ctrl+Alt+C>组合键，弹出"画布大小"对话框。通过对话框中的设置项可以按指定的方向增大或减小画布尺寸，增大时多出的部分以背景色填充，减小时超出范围的边缘被剪切掉。设置宽度为6厘米、高度为4厘米，并单击"定位"选项区域中第一列的第二个按钮，如图1-28所示，则结果保留左侧中间位置的6厘米×4厘米图像，效果如图1-29所示。

项目 1　初识 Photoshop

图 1-27　裁切图像

图 1-28　"画布大小"对话框

a) 更改画布大小前　　　　　　b) 更改画布大小后

图 1-29　更改画布大小前后

（3）更改图像大小与分辨率

更改图像大小不会造成图像被剪切，但是可能会造成图像失真。选择"图像"菜单/"图像大小"命令，或按<Ctrl+Alt+I>组合键，弹出"图像大小"对话框，如图 1-30 所示，输入"宽度"和"高度"分别为 600 和 400，并设置分辨率为 100 像素/英寸。

> **说明**
> 1）通常在"图像大小"对话框中可以看到当前图像的"宽度"和"高度"，通常以"像素"为单位，单击右侧的下拉按钮可以选择另一个单位"百分比"。
> 2）分辨率的单位有"像素/英寸"和"像素/厘米"，默认为 72 像素/英寸。
> 3）当左侧"约束比例"按钮处于 状态则宽高比例被锁定，此时设置宽度，高度也会跟着等比例改变。单击该图标取消约束。

（4）旋转和翻转画布

使用旋转画布命令可以旋转或翻转整个图像，但此法不适用于单个图层、选区及路径。选择"图像"菜单/"图像旋转"中的各项，如图 1-31 所示，可以实现旋转和翻转。

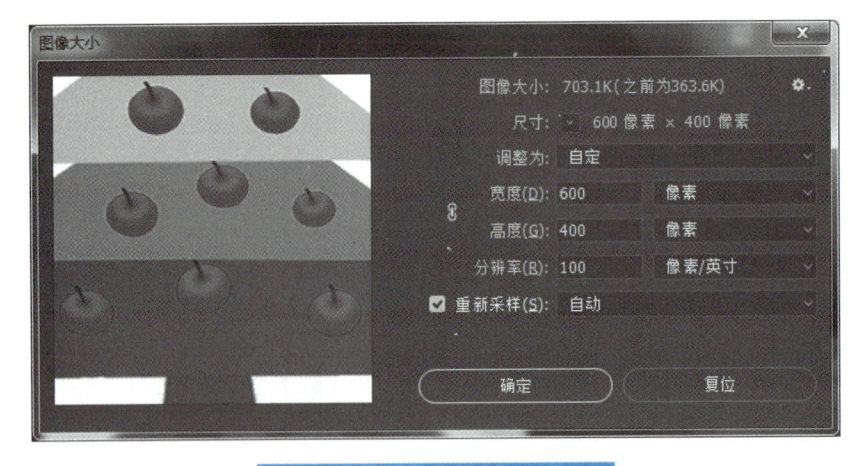

图1-30 "图像大小"对话框

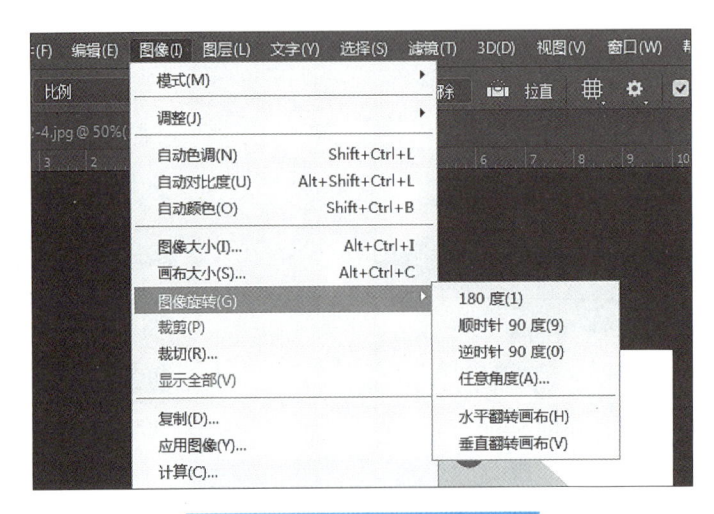

图1-31 "图像旋转"子菜单

(5) 前景色与背景色

Photoshop 中设置颜色的方法有很多，设置后的颜色均会在工具箱中的前景色或者背景色中显示。工具箱的下方有两个交叠在一起的正方形按钮，上面的是前景色、下面的是背景色。

在之前制作的基础上，单击"前景色"按钮，弹出"拾色器（前景色）"对话框，如图1-32所示，选择蓝色后按 <Enter> 键确定。

单击"图层"面板中的"背景"层将图层选中，在工具箱中选择"油漆桶"工具，单击画布区域进行填充，则填充"背景"层为前景色蓝色，如图1-33所示。

单击"背景色"按钮，在弹出的"拾色器（背景色）"对话框中选择黄色。单击"图层"面板中的"背景"层将其选中，按 <Ctrl+BackSpace> 组合键，以背景色填充当前图层，效果如图1-34所示。

项目1 初识Photoshop

图1-32 "拾色器（前景色）"对话框

图1-33 填充前景色

图1-34 填充背景色

> **说明** 按<Alt+BackSpace>组合键，可以快速以前景填充当前图层或选区；按<Ctrl+BackSpace>组合键，可以快速以背景填充当前图层或选区。

（6）撤销与恢复

使用菜单命令撤销：选择"编辑"菜单/"后退一步"命令，可以撤销前一步操作，如果要撤销多步，则多选择几次。

使用面板撤销：选择"窗口"菜单/"历史记录"命令打开"历史记录"面板，如图1-35所示，通过"历史记录"面板可以撤销之前一步或多步操作。通过单击面板中需要撤销到的步骤，即可直接撤销到相应步骤。

> **说明** 撤销前一步操作可以使用<Ctrl+Z>组合键，需要撤销多步，可以按<Ctrl+Alt+Z>组合键。

图1-35 "历史记录"面板

— 21 —

使用菜单命令恢复：选择"编辑"菜单 /"前进一步"命令可以恢复前一步操作，如果要恢复多步则多选择几次。

使用面板恢复：选择"窗口"菜单 /"历史记录"命令打开"历史记录"面板，单击需要恢复到的步骤即可。

说明
1）需要恢复多步时可以按 <Ctrl+Shift+Z> 组合键。
2）系统默认的恢复或撤销操作最多 20 步，若执行 20 次操作后，系统将不再对图像进行任何操作。

知识加油站

1．Photoshop 中的基本概念

（1）像素与分辨率

像素是组成图像的最基本单元，每个像素是一个很小的方形颜色块，只显示一种颜色，一幅图像由很多像素构成，因此可以形成颜色丰富的图像。

分辨率是图像的重要属性，用来衡量图像的细节表现力和技术参数。图像的分辨率指图像每英寸包含的像素数，单位为 ppi（像素 / 英寸）。单位面积包含的像素越多，分辨率越高，显示得越清晰，文件所占的空间也就越大，处理速度越慢；反之，图像就越模糊，所占的空间也越小。用于显示的图像，其分辨率一般为 72ppi。

（2）位图与矢量图

位图又称为点阵图，由许多像素点组成，每个像素都具有特定的位置和颜色信息，当不同的像素点按一定规律组合在一起便成为一幅完整的图像。像素的多少决定了位图图像的显示质量和文件大小。位图图像最显著的特征是可以表现颜色的细腻层次。基于这一特征，位图图像被广泛用于照片处理、数字绘画等领域。由于位图图像包含的像素数目一定，选择"缩放"工具对位图图像进行缩放时，图像的清晰度会受影响，当图像放大到一定程度，就会出现锯齿化边缘，如图 1-36 所示。

a）放大前 　　　　　　　　　　　　b）放大后

图 1-36　放大前后对比

矢量图也称向量式图形，它用数学的矢量方式来记录图像内容，一般用于工程技术绘图，由CorelDRAW、Illustrator等绘图软件绘制而成。矢量文件中的图形元素称为对象，每个对象都是自成一体的实体，以线条和色块为主，这类对象光滑、流畅，可以无限放大、缩小，清晰度与分辨率无关，因此放大后不会失真，但不宜制作色调丰富或色彩变化太大的绚丽图像。

（3）通道与图层

通道指色彩的范围，一般情况下，一种基本颜色为一个通道。在"通道"面板中可以进行查看，如图1-37所示。比如RGB颜色模式包括R、G、B三个通道，分别代表红、绿、蓝，不同通道的颜色相叠加产生新的颜色。

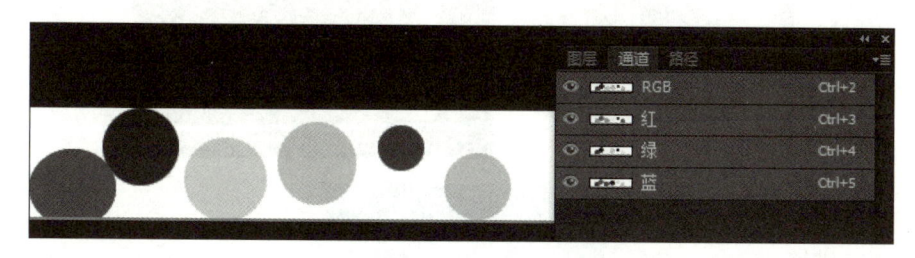

图1-37 "通道"面板

对于图层，在制作一个完整图像时，通常要使用多个图层，每个图层都是一个独立部分，就像一张张透明的纸，叠放在一起就是完整的图像。制作图像时可将不同部分放在不同的图层中单独处理，因此互相间可以互不影响。图层上没有图像的位置，可以向下看到下面图层上的图像。

2．八种颜色模式

（1）RGB模式

新建的Photoshop图像默认颜色模式为RGB，它是图形图像设计软件中最常用的颜色模式，也是显示器使用的颜色模式。因此，在使用非RGB颜色模式时，Photoshop会将其转换为RGB模式，以便在屏幕上显示。RGB代表了光学三基色红、绿、蓝，是三通道模式，如图1-38所示。当将三基色用不同比例和亮度重叠后将产生其他颜色。

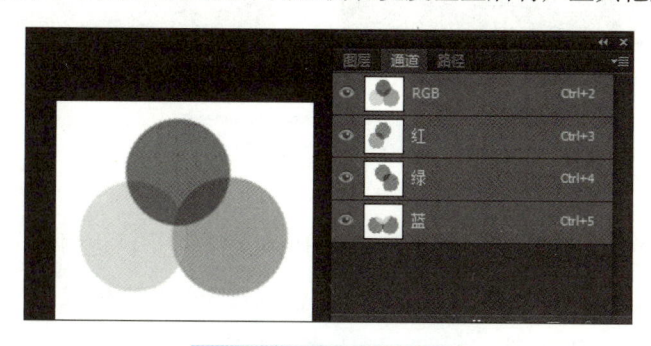

图1-38 三通道模式

(2) CMYK 模式

CMYK 模式是一种颜料模式，所以它属于印刷模式，由 C（青色）、M（洋红）、Y（黄色）、K（黑色）合成，是打印输出及印刷中主要使用的模式。它在本质上与 RGB 模式没有区别，只是产生颜色的方式不同，RGB 为相加混色模式，CMYK 为相减混色模式。该模式图像为四通道模式，如图 1-39 所示。

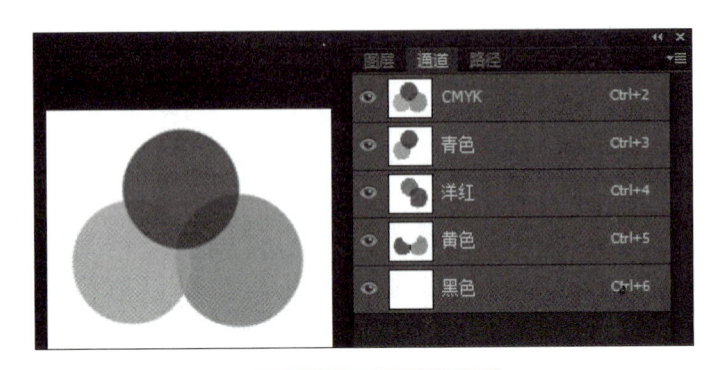

图 1-39　四通道模式

(3) 索引模式

在 "8 位/通道" 图像中，索引颜色模式只能生成最多 $2^8=256$ 种颜色。当转换为索引颜色后，Photoshop 将构建一个颜色查找表，用以存放并索引图像中的颜色，如果原图像中的某种颜色没有出现在该表中，程序将选取最接近的一种。由于该模式颜色少，在转换过程中可能会出现失真的情况。图 1-40a 为原图（RGB 模式），图 1-40b 为转化成的索引模式，在图片左上角出现了失真。

a) RGB 模式　　　　　　　　　　　b) 索引模式

图 1-40　索引模式失真

(4) 灰度模式

灰度模式将彩色图像转变成黑白效果，是图像处理中被广泛运用的一种模式，在 "8 位/通道" 图像中，最多有 $2^8=256$ 级灰度。当彩色模式转变为灰度模式时，所有颜色信息被删除。如图 1-41a 所示为 RGB 模式，图 1-41b 所示为灰度模式。

项目1　初识 Photoshop

a) RGB 模式　　　　　　　　　　　　b) 灰度模式

图 1-41　转变为灰度模式

(5) Lab 模式

Lab 模式基于人对颜色的感觉将色彩分解为亮度 L 和两个色调 a（从绿色到红色）、b（从蓝色到黄色）。它描述的是颜色的显示方式，而不是设备生成颜色所需的特定颜色的数量，所以 Lab 被视为与设备无关的颜色模式。该模式也包含三通道，共 24（3×8）位/像素。

(6) 位图模式

位图模式使用"黑色"或"白色"两种颜色之一表示图像中的像素。这种模式只有黑白之分，没有过渡色，如图 1-42 所示。该类图像占内存更少。

a) 灰度模式　　　　　　　　　　　　b) 位图模式

图 1-42　灰度模式与位图模式的区别

(7) 双色调模式

双色调模式通过 1～4 种自定油墨创建单色调、双色调（2 种颜色）、三色调（3 种颜色）和四色调（4 种颜色）的灰度图像。选择"图像"菜单/"模式"/"双色调"命令，在弹出的对话框中进行设置。

(8) 多通道模式

在多通道模式下，图像在每个通道中包含 256 个色阶。该模式主要用于特殊打印。

3．图像的格式

图像文件的格式是指计算机中表示、存储图像信息的格式。Photoshop 支持 20 多种文件格式，下面介绍常用的几种。

（1）PSD/PSB 格式

PSD 格式是 Photoshop 软件的默认格式，也是唯一支持所有图像模式的文件格式，可以保存图像的图层、通道、辅助线和路径等信息。

PSB 格式属于大型文件，除了具有 PSD 格式的所有属性外，其最大特点是支持宽度和高度最大为 30 万像素的文件。但 PSB 格式也有缺点：第一，存储的图像文件特别大，占用的磁盘空间较多；第二，在很多图形图像处理软件中没有得到很好的支持，通用性不强；第三，PSB 格式只能在 CS 以上的版本中才能打开。

（2）JPEG 格式

JPEG 格式是一种有损、高压缩式的保存方式。将文件保存为该格式时，会对图像文件的容量进行缩小，压缩中会出现失真。因此，该格式不宜在印刷、出版等高要求的场合应用。其最大的特点是文件容量比较小，在注重文件大小的领域应用广泛，如图像预览和网络。

（3）GIF 格式

图形交换格式（GIF）是一种非常通用的图像格式，将图像保存为此格式时，可以将图像的指定区域设置为透明状态，而且可以赋予图像动画效果，非常适合网络上的图片传输。

（4）BMP 格式

BMP 格式是 DOS 和 Windows 兼容的计算机标准图像格式，几乎所有图形图像处理软件都支持这种格式。BMP 格式的特点是包含的图像信息较为丰富，采用无损压缩，即几乎不对图像进行压缩，对图像质量不会产生影响，但占磁盘空间较大。

（5）PNG 格式

便携网络图形（PNG）格式是一种无损压缩方式，主要用于在网络上显示图像，但是有些浏览器不支持该格式。

（6）TIFF 格式

TIFF 格式是一种通用的无损压缩保存方式，一般用于设计作品的输出，能够保存通道、图层和路径信息。但用其他软件打开这种格式的文件时，所有图层将合并，只有用 Photoshop 打开时才可以修改各个图层。

（7）PDF 格式

便携文档格式（PDF）是一种灵活、跨平台、跨应用软件的文件格式，使用 PDF 格式能精确地显示并保留字体、页面版式及向量和位图图形。它具有电子文档搜索和导航功能，是无纸化办公的首选文件格式。

项目拓展

一、填空题

1. 选择"文件"菜单中的"_____"命令可以退出 Photoshop 应用程序。

2. Photoshop 中图像显示模式有_____、_____、_____

三种，默认模式为_____。

3．选择"图像"菜单/"_____"/"CMYK 颜色"选项，可以将当前颜色模式改为 CMYK 颜色模式。

4．_____格式是 DOS 和 Windows 兼容的计算机标准图像格式，几乎所有图形图像处理软件都支持这种格式。

5．画布是指实际打印的工作区域，改变画布大小会直接影响最终的输出结果。选择"图像"菜单/"_____"选项，或按<_____>组合键都能更改画布的大小。

6．按<_____>组合键可以撤销之前的多步操作。

7．按<_____>组合键可以快速填充当前选区的颜色为前景色，按<_____>组合键可以快速填充当前选区的颜色为背景色。

8．如果要设置 Photoshop 的性能，更改暂存盘为 D 盘，首先应该选择"_____"菜单/"_____"命令，然后在弹出的"首选项"对话框的_____选项卡中进行设置。

二、拓展训练

中国航天

我国的航天事业起始于 1956 年。1970 年 4 月 24 日，发射了第一颗人造地球卫星。我国发展航天事业的宗旨是：探索外太空，扩展对地球和宇宙的认识；和平利用外太空，促进人类文明和社会进步，造福全人类；满足经济建设、科技发展、国家安全和社会进步等方面的需求，提高全民科学素质，维护国家权益，增强综合国力。我国发展航天事业贯彻国家科技事业发展的指导方针为自主创新、重点跨越、支撑发展、引领未来。

任务要求 利用所给素材组合一张如图 1-43 所示的中国航天海报。

图 1-43 中国航天海报

任务提示

1．使用 Photoshop 打开素材 1 当作背景。

2．分别置入素材 2～素材 6，将它们放置在合适的位置。

3．保存文件为 PSD 和 JPEG 两种格式。

项目 2
选取和移动图像

项目概述

使用 Photoshop 处理图像时，经常会根据实际需要选取图像中的局部区域，这就是创建选区。创建选区是为了限制图像编辑的范围，从而得到精确的效果。当在文件中创建选区后，所做的操作便是对选区内的图像进行的，选区以外的图像将不受任何影响。创建选区的方法有很多种，不同的方法都有它自己的优点。本项目通过案例介绍使用选区和移动工具选取和移动图像。

职业能力目标

知识目标
- 了解各种选区工具的基本功能和特点。
- 熟练掌握利用各种选区工具建立选区的方法和技巧。
- 掌握调整选区的大小、形状和位置，以及如何对多个选区进行合并或取消合并的方法。

能力目标
- 能使用各种选区工具创建选区并编辑选区。
- 能够将选区应用到其他图层上制作特殊效果。

素养目标
- 养成主动学习和动手实践的热情与能力。
- 具备一定的创意，能将所学的知识运用到实际工作中。
- 培养对平面设计的学习热情，用所学的知识为生活增添乐趣。

任务 1　制作卡通插画

任务情境

Photoshop 和画图软件一样吗？能不能用它来绘制自己需要的画面呢？答案是两者不一样，但可以用 Photoshop 绘制图画。Photoshop 的功能要比画图软件的功能强大得多，但是也可以用 Photoshop 绘制图案，而且不使用画笔工具。本任务要用到的是选框工具。

任务分析

本任务首先使用矩形选框工具和椭圆选框工具绘制出各种图形的选区，然后填充纯色或渐变色，最后把各种做好的图形排版即可制作一幅充满童趣的卡通插画。

任务实施

1. 制作背景

1）打开 Photoshop，新建宽度为 1024 像素、高度为 768 像素、分辨率为 120 像素/英寸的文件。

2）选择渐变工具，通过工具箱将前景色设置为 9efade、背景色设置为 1e8cfd、激活属性栏中的线性渐变按钮■，将文件背景填充线性渐变色，如图 2-1 所示。

3 制作卡通插画

2. 绘制彩虹

1）单击"图层"面板底部的"新建图层组"按钮，新建图层组并命名为"彩虹"。在彩虹图层组中新建图层 1，命名为"红"，使用椭圆选框工具，按住 <Shift> 键在画布中心绘制图 2-2 所示的正圆选区。

2）将前景色设置为红色，按 <Alt+Delete>（或者 <Alt+Backspace>）组合键向选区内填充当前的前景色，如图 2-3 所示，不要取消选区。

图 2-1　设置背景颜色　　　图 2-2　绘制的选区　　　图 2-3　填充颜色后的效果

项目 2　选取和移动图像

3）在选择椭圆选框工具的前提下，在选区内右击，在弹出的快捷菜单中选择"变换选区"命令，在"变换选区"属性栏单击"保持长宽比"按钮，在 W 文本框中输入 95%，如图 2-4 所示，将选区等比例缩小 95%，单击确认变换。

图 2-4　"变换选区"属性栏

4）新建图层并命名为"橙"，将前景色设置为橙色，按 <Alt+Delete>（或者 <Alt+Backspace>）组合键向选区内填充当前前景色，不要取消选区。

5）按照上述步骤依次将选区缩小 95%，新建相应图层并命名为"黄""绿""蓝""靛""紫"并填充相应颜色。注意，一直不要取消选区。最终填充效果如图 2-5 所示。

6）最后再次将选区等比例缩小 95%，分别选中"红""橙""黄""绿""蓝""靛""紫"图层，按住 <Delete> 键删除选区内的图像，按 <Ctrl+D> 组合键取消选区，将彩虹图层组选中，移至画布下半部中间。至此，彩虹制作完成，如图 2-6 所示。

图 2-5　依次填充不同颜色后的效果

图 2-6　彩虹效果

3．绘制小树

1）新建图层组并命名为"小树"。在该图层组中新建图层，命名为"树冠"。使用椭圆选框工具，绘制图 2-7 所示的椭圆选区作为树冠。

2）选择渐变工具，通过工具箱将前景色设置为 8fe748、背景色设置为 0d7408。激活属性栏中的径向渐变按钮，在选区内拖拽鼠标填充径向渐变色，按 <Ctrl+D> 组合键取消选区。

3）新建图层，命名为"树干"。使用矩形选框工具绘制一个矩形长条作为树干，填充当前背景色，如图 2-8 所示。

4）按住 <Shift> 键的同时单击选中"树冠"和"树干"图层，进行自由变换（按 <Ctrl+T> 组合键），将鼠标光标放置在变换框右上角的控制点上，当鼠标光标变为旋转箭头时，按住鼠标左键拖拽，旋转一定的角度和彩虹的弧度一致，并将"小树"图层组移至"彩虹"图层组的下方，如图 2-9 所示。

5）按照上述步骤，使用同样的方法绘制其他小树，填充不同的渐变色，旋转不同的角度，调整好位置，彩虹上的小树制作完成。

图 2-7 绘制的椭圆选区　　　图 2-8 绘制好的小树　　　图 2-9 调整好位置的小树

4．绘制小房子

1）新建图层组并命名为"房子"。在该图层组中新建图层，命名为"墙面"，使用矩形选框工具绘制图 2-10 所示的矩形选区作为房子的墙面。

2）选择渐变工具，通过工具箱将前景色设置为白色、背景色设置为浅灰色 bfc0bf。激活属性栏中的线性渐变按钮，在选区内拖拽鼠标填充线性渐变色，按 <Ctrl+D> 组合键取消选区。

3）新建图层，命名为"窗户"。使用矩形选框工具绘制若干方形选区，填充深红色 a90606，作为房子的窗户，如图 2-11 所示。

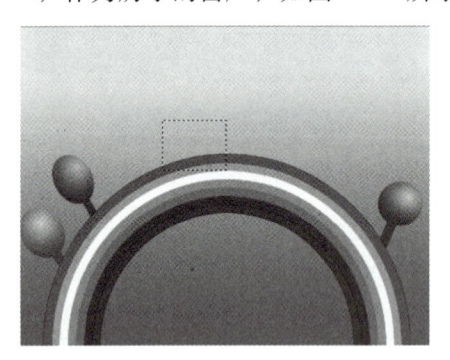

图 2-10 绘制的矩形选区　　　图 2-11 绘制好的窗户

4）选择多边形套索工具，单击确定绘制选区的起始点，换个位置再次单击确定下一个转折点，直至与最初的起始点重合（此时光标的下面多了一个小圆圈），然后在重合点上单击闭合选区，这样就绘制一个梯形选区作为"房顶"，如图 2-12 所示。为保持水平绘制，可以按住 <Shift> 键。

5）选择渐变工具，通过工具箱将前景色设置为 f04b4b、背景色设置为 a90606。激活属性栏中的线性渐变按钮，在选区内拖拽鼠标填充线性渐变色，按 <Ctrl+D> 组合键取消选区。至此，房顶绘制完成，如图 2-13 所示。

6）参照调整小树位置的方法调整房子的位置，并将"房子"图层组移至"彩虹"图层组的下方。

项目 2　选取和移动图像

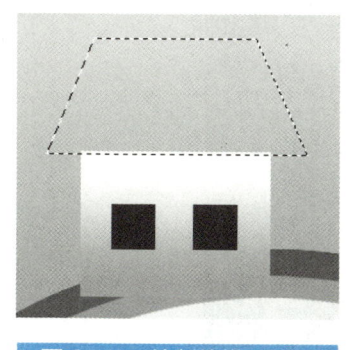

图 2-12　绘制的梯形选区

图 2-13　绘制好的房顶

7）按照上述步骤，使用同样的方法绘制其他小房子，填充不同的渐变色，旋转不同的角度，调整好位置。至此，彩虹上的房子制作完成。

5．绘制太阳和白云

1）新建图层组并命名为"太阳和白云"。在该图层组中新建图层，命名为"太阳"。

2）使用椭圆选框工具，按住<Shift>键的同时拖拽鼠标绘制一正圆选区，使用<Shift+F6>组合键羽化选区，设置羽化值为 5 像素。

3）选择渐变工具，通过工具箱将前景色设置为红色 ff0000、背景色设置为橙色 ff5206。激活属性栏中的线性渐变按钮，在选区内拖拽鼠标填充线性渐变色，按<Ctrl+D>组合键取消选区。太阳绘制完成，如图 2-14 所示。

图 2-14　绘制好的太阳

4）新建图层，命名为"白云"。使用椭圆选框工具，激活属性栏中的"添加到选区"按钮，绘制若干大小不同的椭圆选区（见图 2-15），组合在一起作为白云。

5）选择"选择"菜单/"修改"/"羽化"命令（<Shift+F6>组合键），设置羽化值为 5 像素，填充白色，并将"图层"面板中图层的不透明度设置为"85%"，白云效果如图 2-16 所示。

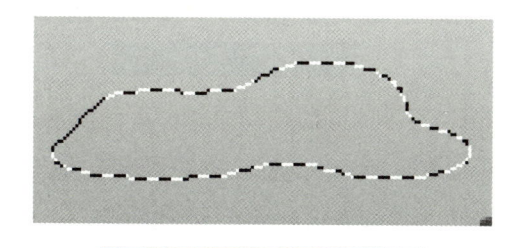

图 2-15　绘制的白云选区

图 2-16　填充颜色后的效果

6）按照上述步骤，使用同样的方法绘制其他白云并放置在不同的位置。至此，图像制作全部完成，最终效果如图 2-17 所示。进一步修改调整作品的细节，养成及时保存作品的良好习惯，按<Ctrl+S>组合键，将文件命名为"制作卡通插画.psd"并保存。

图 2-17　卡通插画最终效果

知识加油站

1．规则选框工具的使用方法

规则选框工具组（见图 2-18）是用来创建规则选区的，其中包括 4 个工具：矩形选框工具、椭圆选框工具、单行选框工具和单列选框工具。可以使用 <Shift+M> 组合键在它们之间进行切换。

单击选中某一个工具，鼠标指针变为十字状，在画布中按住鼠标左键并拖动，即可创建一个对应形状的选区。单行/单列选框工具直接单击即可。图 2-19 所示的是四种选区。

图 2-18　矩形选框工具

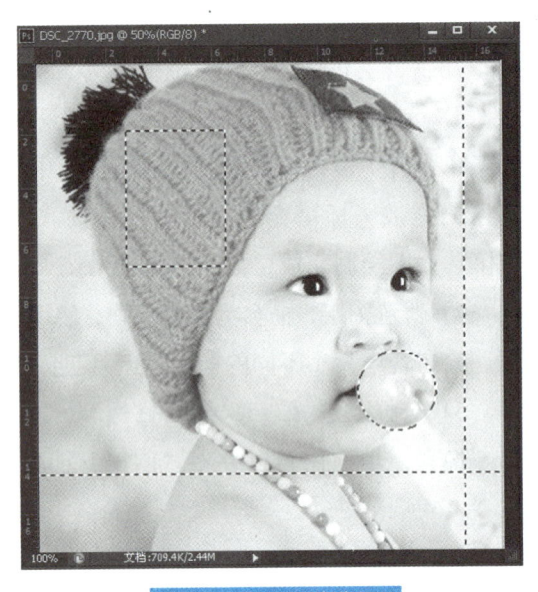

图 2-19　四种选区

对于矩形选框工具和椭圆选框工具：按住 <Shift> 键的同时拖动鼠标，可创建正方形或正圆形选区；按住 <Alt> 键的同时拖动鼠标，可创建以单击点为中心的矩形或椭圆选区；按住 <Shift+Alt> 组合键拖动鼠标，可创建以单击点为中心的正方形或正圆形选区。

2．选框工具的属性栏

选框工具的属性栏如图 2-20 所示。

图 2-20　矩形选框工具的属性栏

项目2　选取和移动图像

(1) 创建选区的四种方式

1)"新选区"按钮：在图像中创建选区时，新创建的选区将取代原有的选区。

2)"添加到选区"按钮：在图像中创建选区时，新创建的选区与原有的选区将合并为一个新的选区，如图 2-21 所示。

3)"从选区减去"按钮：在图像中创建选区时，将在原有选区中减去与新选区重叠的部分，得到一个新的选区，如图 2-22 所示。

4)"与选区交叉"按钮：在图像中创建选区时，将只保留原有选区与新选区相交的部分，形成一个新的选区，如图 2-23 所示。

图 2-21　添加到选区　　　图 2-22　从选区减去　　　图 2-23　与选区交叉

(2) "羽化"文本框

"羽化"文本框内的值可决定选区边缘的柔化程度。对被羽化的选区填充颜色或图案后，选区内外的颜色或图案将柔和过渡。该数值越大，柔和效果越明显。图 2-24 所示的是三个大小相同但羽化值不同的圆形选区填充颜色后的效果。

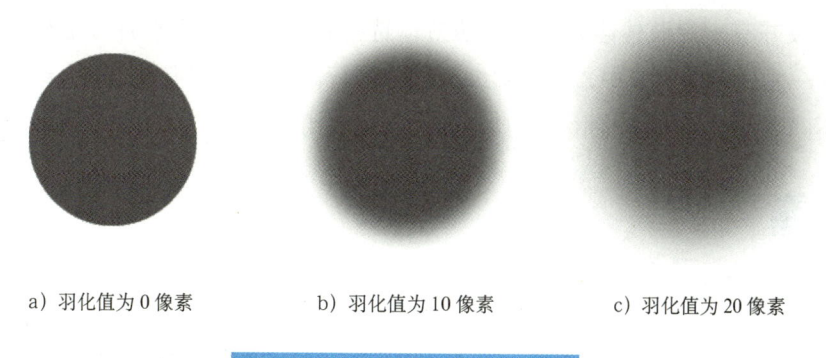

a) 羽化值为 0 像素　　　b) 羽化值为 10 像素　　　c) 羽化值为 20 像素

图 2-24　不同羽化值的效果

(3) "消除锯齿"复选框

该复选框只有在选择了椭圆选框工具后才能被激活。选中该复选框后，可使选区边缘变得平滑。同样的选区未选中和选中该复选框的效果如图 2-25 所示。

(4) "样式"下拉列表框

只有在选择了矩形选框工具或椭圆选框工具时，"样式"下拉列表框才被激活。在"样式"下拉列表中有三个选项，如图 2-26 所示。

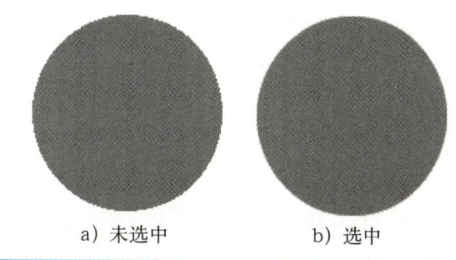

a) 未选中　　　b) 选中

图 2-25　未选中和选中"消除锯齿"复选框的效果

— 35 —

1)"正常"选项：可创建任意大小的选区。

2)"固定比例"选项：选择此选项，后面的"宽度"和"高度"文本框将被激活，在其中输入数值，可设置选区的宽度和高度比，绘制出大小不同但宽高比一定的选区。

图2-26 "样式"下拉列表框

3)"固定大小"选项：选择此项，后面的"宽度"和"高度"文本框将被激活，在其中输入数值后，在图像窗口中单击，即可创建大小一定的选区。

任务2　设计卡通风格宝宝照片

任务情境

儿童的世界是五彩缤纷的，具有天真、活泼、可爱的特性。如果在设计儿童艺术照片时，将宝宝置身于卡通世界中，他们看到一定会非常开心。

任务分析

选择活泼并有一定肢体语言的宝宝照片，选择合适的抠图工具将宝宝从原图中抠取出来，放置在一张适合的背景中，最后对细节部分进行修饰，使宝宝真正融入卡通世界中。本任务针对不同图片选择不同的抠图工具，如套索工具组、魔棒工具组。

4　设计卡通风格宝宝照片

任务实施

1. 抠取宝宝图像

1)打开任务2的素材图片2-2-1，选择工具箱中的"缩放工具"，在照片中的人物部位单击，或者按<Ctrl+"+">组合键，将人物放大以突出边缘。

2)选中磁性套索工具，在人物边缘选择一个位置单击确定绘制选区的起始点，沿着图像的轮廓边缘移动鼠标光标，选区会自动吸附到图像的轮廓边缘上，如图2-27所示。

图2-27 吸附在图像轮廓边缘的锚点

3)继续沿图像的轮廓边缘移动鼠标光标，移动的过程中可以按住<Space>键移动图像至未显示的部分。如果选区没有吸附在想要的图像边缘位置时，可以通过单击添加一个控制点来确定要吸附的位置，移动鼠标光标直至与最初设置的起始点重合，如图2-28所示，单击即可创建闭合选区。

4）使用多边形套索工具，在属性栏中单击"从选区减去"按钮，沿着宝宝胳膊中间的多余部分的边缘不断单击直至选区闭合，将其从选区中减去，如图2-29所示。

图2-28 创建闭合选区

图2-29 减去的选区

5）选择"选择"菜单/"修改"/"羽化"命令（按为<Shift+F6>组合键），设置羽化值为"1"像素，使抠取图像边缘变得柔和一些。至此，宝宝图像抠取完毕。

2．移动宝宝图像并调整

1）打开任务2的素材图片2-2-2，使用移动工具将抠取的宝宝图像拖拽到其中，自动生成图层1。选择"编辑"菜单/"自由变换"命令，或者按<Ctrl+T>组合键，在属性栏中单击"锁定"按钮，然后单击W或H文本框，向下滑动鼠标滚轴，等比例缩小图像至合适大小，按<Ctrl+Enter>组合键确认变换。使用移动工具将宝宝图像移动至电视机的右边，如图2-30所示。

图2-30 改变图像的大小和位置

2）使用多边形套索工具将宝宝的右脚多出电视的部分选中，如图2-31所示。

3）按<Ctrl+Shift+I>组合键，执行"反向选择"命令，单击"图层"面板底部的"添加图层蒙版"按钮给"图层1"添加图层蒙版，宝宝的右脚多出电视的部分被隐藏，从而做出宝宝一只脚伸出电视的效果，如图2-32所示。

图2-31 选取宝宝的右脚多出电视的部分

3．给电视换背景

1）单击图层1左侧的"指示图层可见性"按钮，将宝宝图层暂时隐藏。

2）使用移动工具将任务2素材图片2-2-3移动到电视机中，按住<Ctrl>键，分别在变换框的四个角的控制点上按住鼠标左键拖拽，调整卡通图片的四个顶点，使其与电视背景的顶点重合，按<Ctrl+Enter>组合键确认变换，效果如图2-33所示。

图 2-32　添加图层蒙版后的效果 　　　　　图 2-33　改变图片的大小和位置

3）再次单击图层 1 左侧的"指示图层可见性"按钮，将宝宝图层显示出来。

4．添加卡通图片

1）打开任务 2 素材图片 2-2-4，使用魔棒工具，激活属性栏中的"添加到选区"按钮，同时将容差值设置为"10 像素"，然后在素材图片 2-2-4 的白色背景位置单击，将白色背景全部选中，如图 2-34 所示。

2）选择"选择"菜单/"反向"命令，或者使用 <Shift+Ctrl+I> 组合键，对选区实现反向选择，从而选中彩虹太阳图案。使用移动工具将选中的图案移动至素材图像 2-2-2 中，如图 2-35 所示。

图 2-34　选中白色背景的选区

3）选择"编辑"菜单/"自由变换"命令，或者使用 <Ctrl+T> 组合键，按住 <Shift> 键等比例缩小图像并移动至合适的位置，在右上角的控制点拖动旋转一定的角度，调整后的效果如图 2-36 所示。

图 2-35　拖拽抠取的图像 　　　　　图 2-36　调整图像的位置和大小

4）打开任务 2 素材图片 2-2-5，同样使用魔棒工具将热气球抠取出来，单击"选择"菜单/"反向"命令（组合键为 <Shift+Ctrl+I>），选中热气球图案。可以发现，有两个热气球上的白色少选了一块，使用多边形套索工具，在属性栏单击"添加到选区"按钮，将

少选的白色区域选中。抠取的热气球如图 2-37 所示。

5）使用多边形套索工具，在属性栏单击"与选区交叉"按钮，将左上角的两个热气球拖拽到图像 2-2-2 中。用同样的方法将剩下的三个热气球也拖拽到图像 2-2-2 中。选择"编辑"菜单/"自由变换"命令（组合键为 <Ctrl+T>），改变图像的大小并移动至合适的位置，效果如图 2-38 所示。

图 2-37 抠取的热气球

图 2-38 改变热气球的大小和位置

6）选中"彩虹太阳"所在的图层，单击"图层"面板底部的"添加图层样式"按钮，打开"图层样式"对话框。如图 2-39 所示，在窗口左侧选中"投影"复选框，在窗口右侧设置"距离"为 1 像素、"大小"为 2 像素、扩展为 20%、角度为 120 度，其他设置保持不变，给卡通人物添加投影效果。

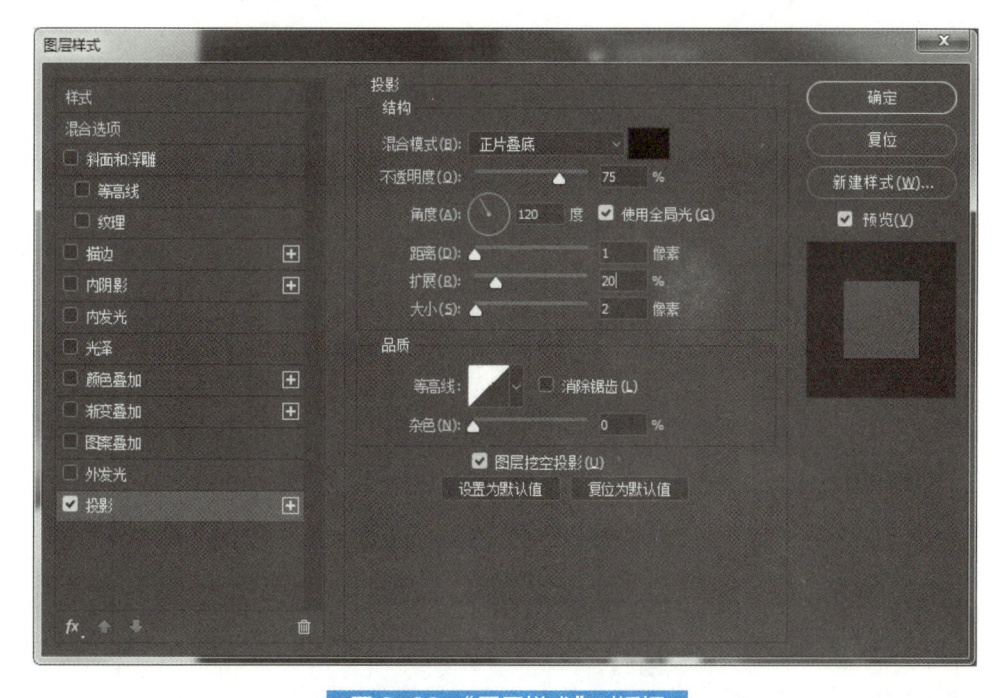

图 2-39 "图层样式"对话框

7）在彩虹太阳图层上右击，从弹出的快捷菜单中选择"拷贝图层样式"命令，分别将图层样式复制给宝宝图层和热气球图层，给宝宝图层和热气球图层也添加投影效果。

8）现在的宝宝图像偏暗，选择"图像"菜单/"调整"/"曲线"命令，或者使用<Ctrl+M>组合键，弹出"曲线"对话框，调整曲线，如图2-40所示。至此，任务全部完成，最终效果如图2-41所示。

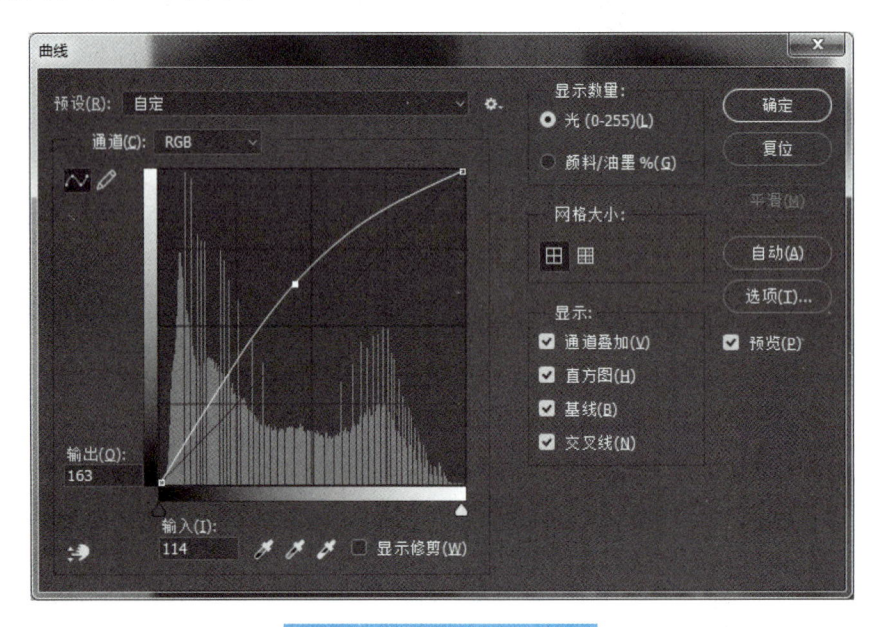

图2-40 "曲线"对话框

图2-41 最终效果

9）本着精益求精、追求完美的精神，修改调整作品的细节，养成及时保存作品的良好习惯，按<Ctrl+S>组合键，将文件命名为"卡通风格宝宝照片.psd"并保存。

项目2　选取和移动图像

> 知识加油站

1. 套索工具组

Photoshop 的套索工具组内含三个工具，它们分别是套索工具、多边形套索工具和磁性套索工具，如图 2-42 所示。套索工具是最基本的选区工具，在处理图像中起着很重要的作用。可以使用 <Shift+L> 组合键在几个套索工具间进行切换。

图 2-42　套索工具组

（1）套索工具

1）作用：用于创建任意形状的不规则选区。选区的形状取决于鼠标移动的轨迹。

2）使用方法：单击并拖拽鼠标，释放鼠标左键后将自动连接起点和终点，自动创建选区。创建的选区完全依循于鼠标移动的轨迹。

（2）多边形套索工具

1）作用：用于创建具有直线边的多边形选区。

2）使用方法：单击确定起点，围绕需要选择的对象不断单击以确定节点，节点与节点之间将自动连接成选择线。按住 <Shift> 键可以创建水平、垂直或 45°的线。

> **说明**
> ①当终点与起点重合时，指标右下角会出现一个圆圈，单击即可闭合选区。在绘制过程中双击可直接闭合选区。
> ②如果在创建选区的过程中出现了错误的操作，按 <Delete> 键即可删除刚刚创建的节点。

（3）磁性套索工具

1）作用：磁性套索工具是一种智能选择工具，用于选择边缘比较清晰、对比度明显的图像。此工具可以根据图像的对比度自动跟踪图像的边缘，并沿图像的边缘自动生成选区。该工具对图像边缘的对比度要求较高。

2）使用方法：单击定义起始点，围绕需要选择的图像边缘移动鼠标（移动的同时选择线会自动贴紧图像中对比最强烈的边缘）。如果在拖动鼠标的过程中感觉图像某处的边缘不太清晰，导致得到的选区不精确，可以单击一下人为地确定一个节点。如果得到的节点不准确，可以按 <Delete> 键将其删除。

3）属性栏：磁性套索工具的属性栏和其他选区工具的基本相同，只是增加了几个新的选项，如图 2-43 所示。

图 2-43　磁性套索工具的属性栏

宽度：默认值为 10 像素。这个值决定了磁性套索工具自动探测鼠标经过的颜色边缘宽度的范围。数值越大，探测范围越大。当图像边缘与周围区域的颜色反差不太明显时，应该将"宽度"的值设置得小一点。

对比度：最大值为 100%，用于控制边缘色与周围色彩的反差程度。两边的颜色对比不强烈时对比度的数值应该设置得大一些。该数值越大，得到的选区越精确。

频率：在利用磁性套索工具绘制选区时，会出现很多节点围绕在图像周围，以确保选区不被移动。此项决定节点出现的次数。该数值越大，在拖拽鼠标的过程中出现的节点就越多。

"使用绘图板压力以更改钢笔压力"按钮：只有安装了绘图板和相关驱动程序该按钮才可用，它用来设置绘图板的笔刷压力。选中此按钮，钢笔压力增加时套索的宽度会变细。

> **说明** 在使用套索工具和磁性套索工具时，要暂时切换到多边形套索工具，按住 <Alt> 键单击即可暂时切换，松开即可切换回来。

2．魔棒工具组

魔棒工具组包含两个工具：快速选择工具和魔棒工具。这两个工具都可以快速地选取图像中颜色较单纯的区域，以便于快速地编辑图像。

（1）快速选择工具

1）作用：利用可以调整的圆形画笔笔尖快速制作选区。

2）使用方法：在属性栏中设置好相应的参数，在图像中单击并拖动鼠标。拖动鼠标时选区向外扩展，并自动查找和跟随与圆形笔尖所接触的图像中像素的颜色值相似的颜色边缘，并将其选中。圆形笔尖越大，选择的范围越大，选择速度越快。

3）属性栏：快速选择工具的属性栏如图 2-44 所示。

图 2-44 快速选择工具的属性栏

"新选区"按钮：在默认状态下，此按钮处于激活状态，此时在图像中按下鼠标左键进行拖拽可以绘制新的选区。

"添加到选区"按钮：当使用"新选区"按钮添加选区后会自动切换到此按钮为激活状态，按下鼠标左键在图像中进行拖拽，可以增加图像的选取范围，如图 2-45 所示。

a）新选区　　　　　　　　　　　　　b）添加到选区

图 2-45 "添加到选区"效果

"从选区减去"按钮：激活此按钮，可以将图像中已有的选区按照鼠标光标拖拽的区域来减少被选取的范围。

"画笔"下拉按钮：用于设置所选范围区域的大小，下拉面板如图 2-46 所示。

- 大小：调整画笔笔尖的内直径大小。组合键为中括号"["和"]"。
- 硬度：调整画笔笔尖的边柔和度。
- 间距：调整拖动鼠标的过程中，笔尖轨迹的间隔大小。
- 角度：调整画笔笔尖旋转的角度。
- 圆度：调整画笔笔尖的圆度（椭圆或正圆形笔尖）。
- 大小："无"指不适用设置；"钢笔压力"指使用"压力传感输入板"才起作用；"光轮笔"指使用外部设备"光轮笔"时才起作用。

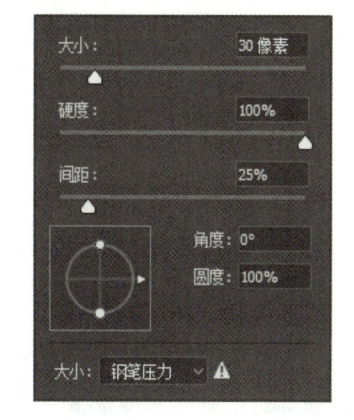

图 2-46 "画笔"下拉面板

"对所有图层取样"复选框：选中此复选框，在绘制选区时，将应用到所有可见图层。

"自动增强"复选框：选中此复选框，添加的选区边缘会减少锯齿效果的粗糙度。

(2) 魔棒工具

1) 作用：可以根据图像的颜色制作选区。用来选择与单击处颜色一致或相似的区域。

2) 使用方法：在要选择的区域单击即可。

3) 属性栏：魔棒工具的属性栏有几个特有选项。

容差：取值范围是 0～255，用于设置选择颜色的范围，以单击处的颜色值为基准。容差越小，所选的颜色与单击处的颜色越相近，得到的选区就越小；容差越大，选择范围就越大。

消除锯齿：选中此复选框，选区边缘会平滑一些。

连续：选中此复选框，在图像中只能选择与单击处相近且相连的区域的颜色；反之，可以选择图像中所有与单击处颜色相近的部分。

对所有图层取样：选中该复选框，可以选择所有图层可见部分中颜色相近的部分。

项目拓展

一、填空题

1. 对于"矩形选框工具"和"椭圆选框工具"，按住 <＿＿＿＿＿＿> 键的同时拖动鼠标，可创建正方形或正圆形选区；按住 <＿＿＿＿＿＿> 键拖动鼠标，可创建以单击点为中心的正方形或正圆形选区。

2．Photoshop 的套索工具组内包含三个工具，分别是_____、_____ 和_____，可以使用组合键 <_____> 在它们之间进行切换。

3．在使用多边形套索工具创建选区的过程中出现了错误的操作，按 <_____> 组合键可以删除刚刚创建的节点。

二、选择题

下列可以用于选取颜色相同和相近的范围的工具是（　　）。

A．矩形选框工具　　B．椭圆选框工具　　C．魔棒工具　　D．套索工具

三、拓展训练

中国鼠文化

"十二生肖中为什么鼠排第一"的故事：传说在十二生肖排名赛中，老鼠是趴在牛背上去报名的，最后夺得了第一。这说明老鼠是一种灵活善变的动物，智商高，古代民间流传鼠是天鼠。

在我国，老鼠的民间故事还有很多，最有名的要数"老鼠娶亲""老鼠嫁女"，它们成为艺人创作年画的题材，深受广大群众的喜爱。老鼠的形象还常常在文学作品中出现，从最早的《诗经》中的《魏风·硕鼠》，到《水浒传》中的东京"五鼠"，都深受读者的喜爱。不仅如此，人们还将关于鼠的传说制成生肖邮票并发行，为邮票增添了浓厚的中国色彩。

任务要求　绘制一枚鼠年邮票，效果如图 2-47 所示。

图 2-47　鼠年邮票效果

任务提示

1．使用椭圆选框工具、多边形套索工具、矩形选框工具等，通过选区的相加、相减等绘制卡通老鼠。

2．使用矩形选框工具绘制邮票，边缘锯齿效果使用画笔工具调整一定的间距进行制作。

项目 3
绘制图像

项目概述

在 Photoshop 中绘制图像，使用最多的工具是画笔工具组和渐变工具组。画笔工具组主要包括画笔工具、铅笔工具、颜色替换工具和混合器画笔工具；渐变工具组主要包括渐变工具、油漆桶工具和 3D 材质拖放工具，其中 3D 材质拖放工具将在制作 3D 效果章节再做介绍。用户不仅可以将自己喜欢的图像自定义为画笔形状，还可以使用 Photoshop 自带的各种画笔形状，通过调整画笔的样式，绘制出各种风格的图像。总之，熟练掌握这些工具的使用方法，可以使用 Photoshop 软件绘制出各种不同风格的绘画作品。

职业能力目标

知识目标
- 了解 Photoshop 中绘画工具的功能及特点。
- 掌握画笔工具组及渐变工具组中各工具的应用与属性栏参数的设置方法。

能力目标
- 学会使用画笔工具组和渐变工具组中的工具绘制各种风格的绘画作品。
- 熟练利用画笔工具为图像增添特殊效果。

素养目标
- 通过绘制图像把握作品的整体配色、构图和设计，培养欣赏美、创造美的能力，提升美术素养和审美能力。
- 通过对作品的细致加工与修改，培养精益求精的工匠精神

任务 1　绘制轻纱壁纸

任务情境

通常，计算机桌面总是设置为一成不变的壁纸，时间长了会让人厌倦。如果能按照自己的意愿制作漂亮的壁纸就好了。本任务学习使用画笔工具打造一款曼妙柔美的轻纱壁纸。

任务分析

本任务将通过绘制一款曼妙柔美的壁纸来介绍画笔工具及"画笔"面板的使用方法。通过设置画笔工具的颜色、笔头大小和形状，打造一张以蓝色为底的轻纱花朵壁纸，着重体现柔美的轻纱效果、如烟如雾般的梦幻感觉，同时还具有很强烈的动感效果。

任务实施

1. 定义画笔

5　绘制轻纱壁纸

1）打开 Photoshop，新建宽度为 1366 像素、高度为 768 像素、分辨率为 120 像素/英寸的文件，模式为 RGB 模式，背景内容为白色的文件。新建图层 1，选择画笔工具，将前景色设置为黑色，画笔笔头选择尖角 1 像素，绘制一条曲线，如图 3-1 所示。

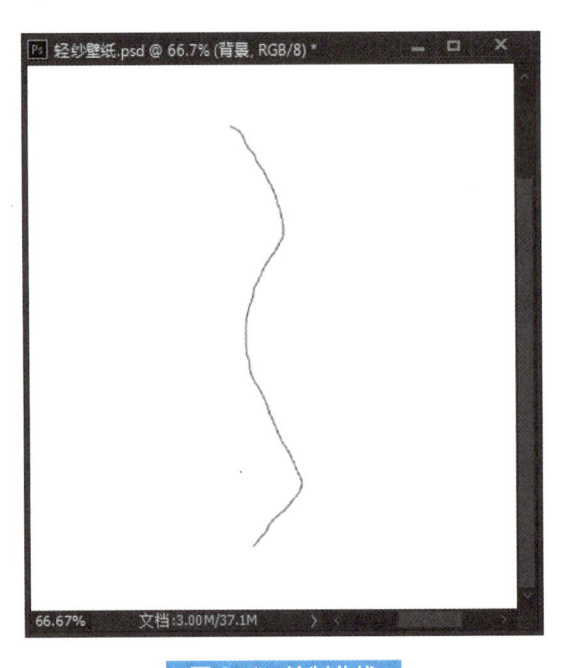

图 3-1　绘制曲线

2）关闭"背景"层的"眼睛",选择"编辑"菜单/"定义画笔预设"命令,将其定义为画笔,命名为轻纱,如图3-2所示。

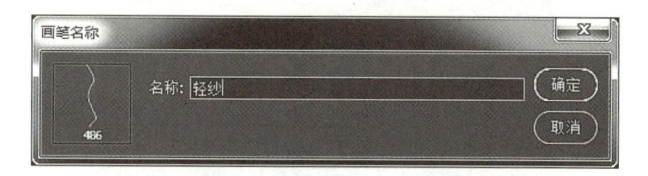

图3-2 定义轻纱画笔

2．绘制轻纱

1）删除图层1,设置前景色为浅蓝色01a7ed、背景色为深蓝色000054。选择渐变工具,渐变类型选择径向渐变,自左下角至右上角填充背景,如图3-3所示。

图3-3 用渐变工具填充的背景

2）单击画笔工具,选择刚才定义的轻纱画笔,单击切换画笔面板按钮,或者按<F5>键,打开"画笔"面板。设置"画笔笔尖形状"为平滑、大小为122像素、间距为1%,如图3-4所示。

3）新建图层组,命名为"花瓣"。新建图层1,前景色设置为白色,使用画笔工具绘制一个轻纱花瓣,可以多绘制几个,把不好看的删除,效果如图3-5所示。

4）在"花瓣"图层组多创建几个图层,分别设置不同的颜色,绘制不同颜色和大小的轻纱花瓣。绘制好后的效果如图3-6所示。

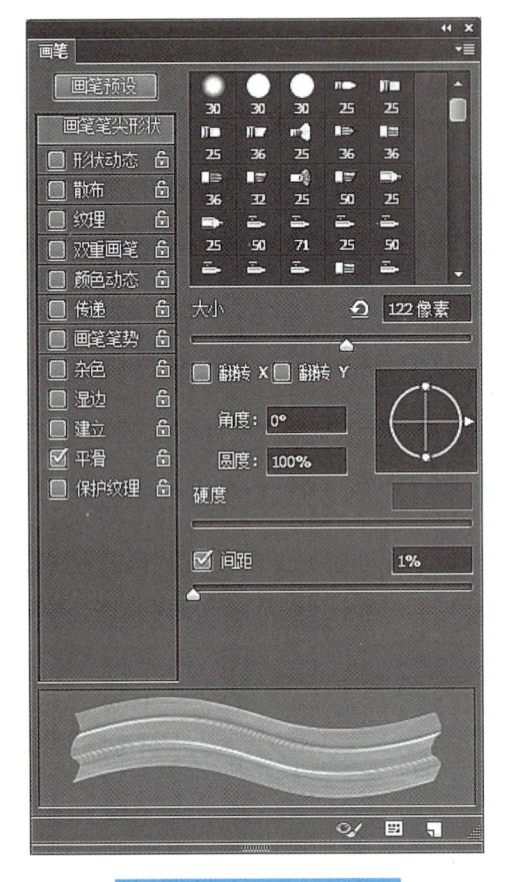

图 3-4 设置画笔属性

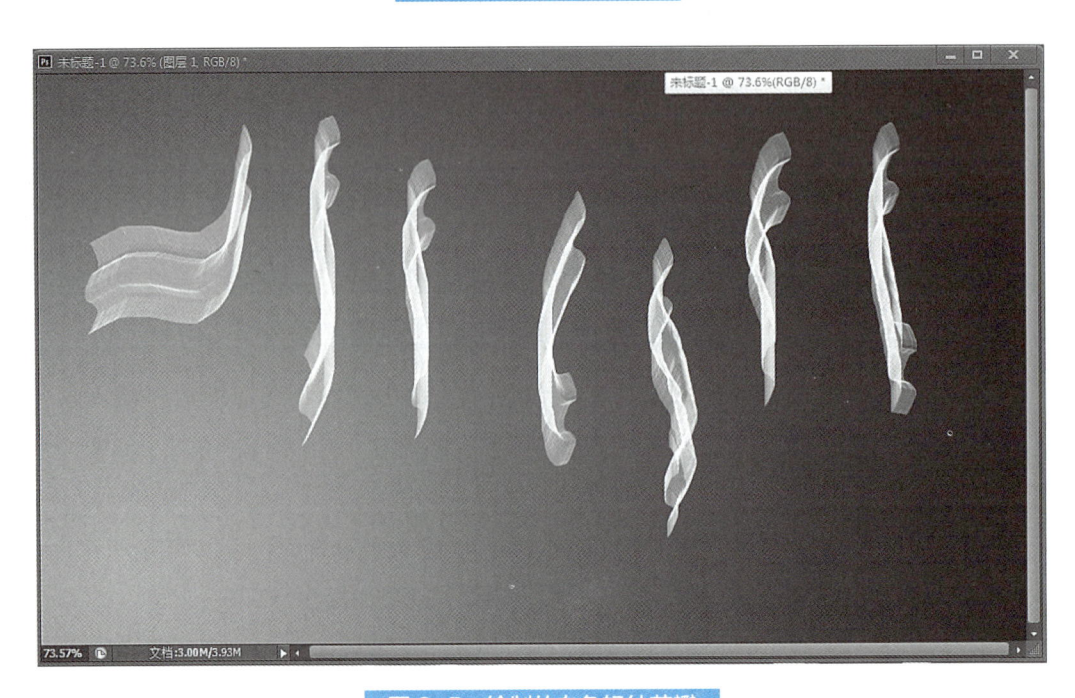

图 3-5 绘制的白色轻纱花瓣

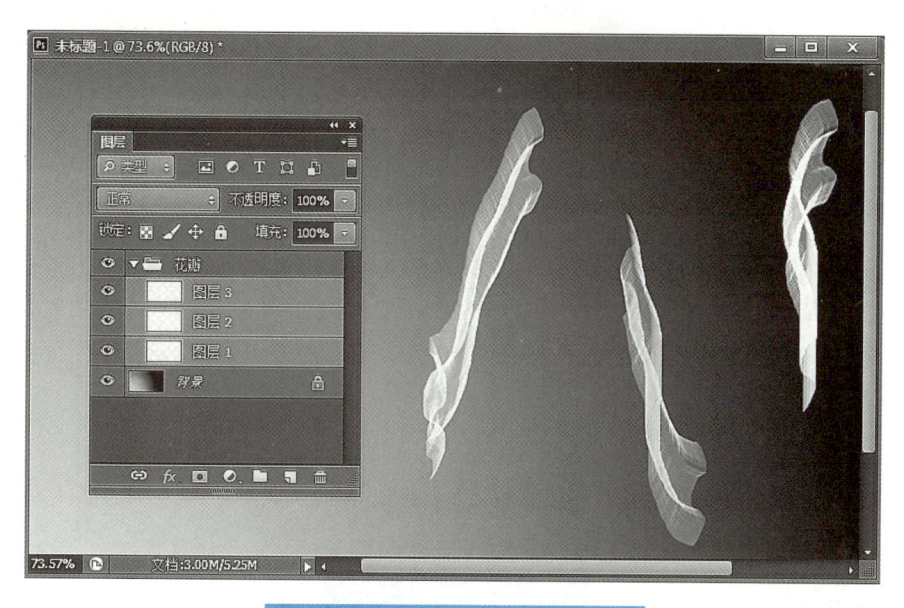

图 3-6 绘制的不同效果的花瓣

5）将几个花瓣图层多复制几份，分别旋转不同的角度，摆放在不同的位置，做成花朵的图案，效果如图 3-7 所示。

图 3-7 绘制的轻纱花朵

3．绘制花枝和叶子

1）新建图层组，命名为"花枝"。在组内新建图层，前景色设置为绿色，使用轻纱画笔绘制花枝，可以多绘制两条，重叠在一起。将"花枝"图层组拖放到"花瓣"图层组之下，效果如图 3-8 所示。

图 3-8 绘制的花枝

2）新建图层，前景色设置为浅绿色，使用轻纱画笔绘制叶子。对形状不满意可以使用橡皮擦工具进行修饰。效果如图 3-9 所示。

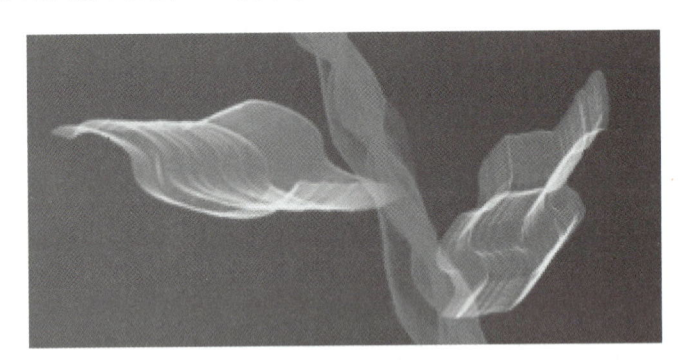

图 3-9 绘制的叶子

3）新建图层，前景色设置为比叶子深的绿色，使用画笔工具，画笔笔尖选择尖角 3 像素，绘制叶脉，效果如图 3-10 所示。

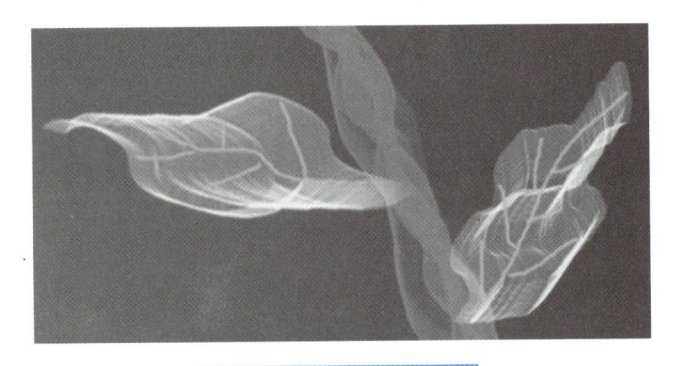

图 3-10 绘制的叶脉

4）将"花瓣"和"花枝"图层组分别复制一份，旋转一定的角度，并改变大小和位置，形成另一朵花。至此，本任务完成，最终效果如图3-11所示。

5）修改、调整作品的细节，养成及时保存作品的良好习惯，按<Ctrl+S>组合键保存文件，命名为"轻纱壁纸.psd"。

图3-11 最终效果

知识加油站

1．工具简介

（1）画笔工具

选择画笔工具，先在工具箱中设置前景色的颜色，即画笔的颜色，并在"画笔"面板中选择合适的笔头，然后将鼠标指针移动到新建或打开的图像文件中单击并拖拽，即可绘制不同形状的图形或线条。

（2）铅笔工具

铅笔工具与画笔工具类似，也可以在图像文件中绘制不同形状的图形及线条，只是在其属性栏中多了一个"自动抹除"复选框，这是铅笔工具特有的功能。

2．属性栏

（1）画笔工具的属性栏

画笔工具的属性栏如图3-12所示。

图3-12 画笔工具的属性栏

画笔设置下拉按钮：用来设置画笔笔头的形状和大小，单击右侧的按钮，会弹出

图3-13所示的画笔设置面板。

大小用于设置画笔笔头的大小。

硬度用于设置画笔笔头边缘的虚化程度。此值越大，画笔笔头边缘越清晰。

切换画笔面板按钮■：按<F5>键或单击此按钮，可以弹出图3-14所示的"画笔"面板。该面板由三部分组成：左侧部分主要用于选择画笔的属性，右侧部分用于设置画笔的具体参数，最下面部分是画笔的预览区域。先选择不同的画笔属性，然后在其右侧的参数设置区中设置相应的参数，可以将画笔设置为不同的形状。

"模式"下拉列表框 模式：正常 ：在"模式"下拉列表框中可选择不同的混合模式，可以设置绘制的图形与原图像的混合模式。

"不透明度"下拉列表框 不透明度：100% ：用于设置画笔的不透明度，可以直接输入数值，也可以单击此选项右侧的■按钮，取值范围为0%～100%，数值越大，画笔颜色的不透明度越高，取值为0%时，画笔是透明的。按小键盘中的数字键也可以调整画笔工具的不透明度：按<1>键时，不透明度为10%；按<5>键时，不透明度为50%；按<0>键时，不透明度会恢复为100%。

"绘图板压力控制不透明度"按钮■：覆盖Photoshop画笔面板设置。

"流量"下拉列表框 流量：100% ："流量"的设置与不透明度有些类似，两者的不同之处在于，不透明度是指整体颜色的浓度，而流量是指画笔颜色的浓度。

"启用喷枪模式"按钮■：单击该按钮，按钮呈凹陷状态表示选中喷枪效果，再次单击按钮，表示取消喷枪效果。"流量"数值的大小和喷枪效果作用的力度有关。可以在"画笔"面板中选择一个较大并且边缘柔软的画笔，调节"流量"数值，然后将画笔工具放在图像上，按住鼠标左键，观察笔墨扩散的情况，从而加深理解"流量"数值对喷枪效果的影响。

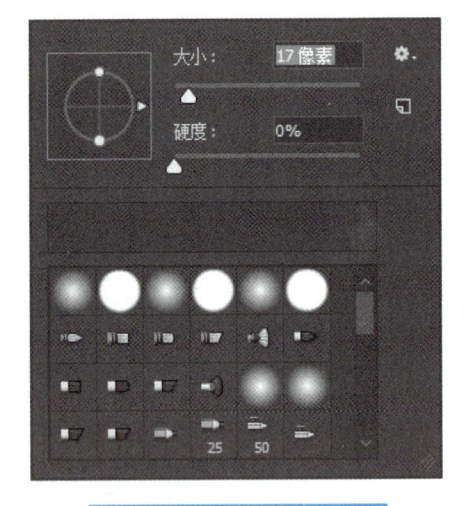

图3-13 画笔设置面板

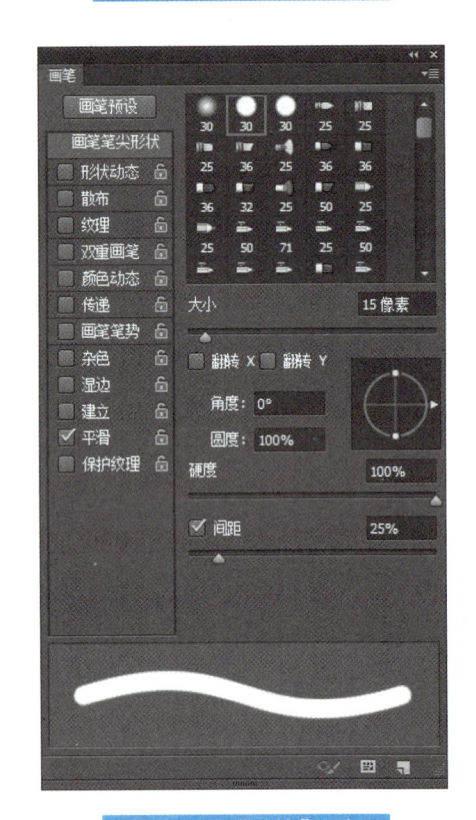

图3-14 "画笔"面板

（2）铅笔工具的属性栏

铅笔工具的属性栏如图 3-15 所示，它与画笔工具的属性栏基本相同。

图 3-15　铅笔工具的属性栏

任务 2　绘制圆锥体

任务情境

大家一定接触过很多立体图形，其实，很多立体图形都可以被用作装饰和点缀。Photoshop 中的渐变工具在绘图过程中起着很大作用，能够绘制出任意物体形状。那么如何使用渐变工具制作立体图形呢？本任务就以制作圆锥体为例，学习使用 Photoshop 中的渐变工具制作立体图形。

任务分析

本任务将通过制作圆锥体，掌握渐变工具的使用方法和渐变的不同类型、渐变颜色的调整方法以及图形的透视变换操作。

任务实施

1．制作背景

6　绘制圆锥体

1）打开 Photoshop，新建宽度为 800 像素、高度为 600 像素、方向为横向、分辨率为 120 像素/英寸的文件。

2）设置前景色为黑色、背景色为灰色。单击工具箱中的渐变工具，渐变颜色选择从前景色到背景色的渐变，渐变类型选择线性渐变。在"背景"图层上方按下鼠标左键向下拖拽，为背景层填充渐变色。填充渐变色后的画面效果如图 3-16 所示。

2．制作立体圆锥

1）新建"图层 1"，在工具箱中选中矩形选框工具，在图层 1 中按住鼠标左键拖拽，绘制出一个矩形。

2）在工具箱中选中"渐变工具"，设置渐变色从左到右为两端深金色 a36803、中间金色 ffc000，如图 3-17 所示。

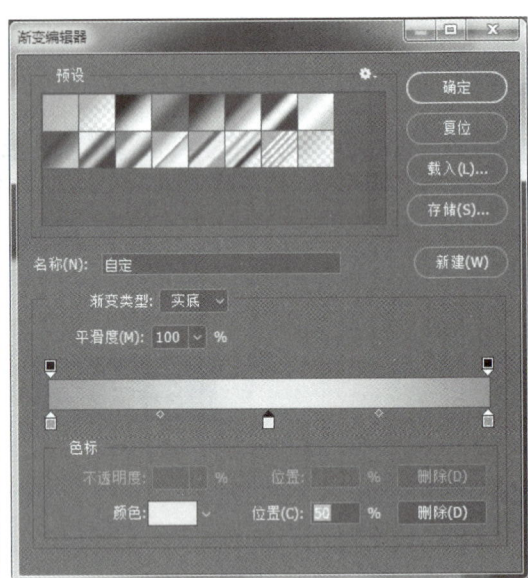

图 3-16　填充渐变色后的画面效果　　　　图 3-17　添加中间色标并设置颜色

3）在图层 1 的矩形选区内，按住 <Shift> 键的同时，按下鼠标左键自左向右水平拖拽，为选区填充渐变色。填充渐变色后的矩形选区如图 3-18 所示。

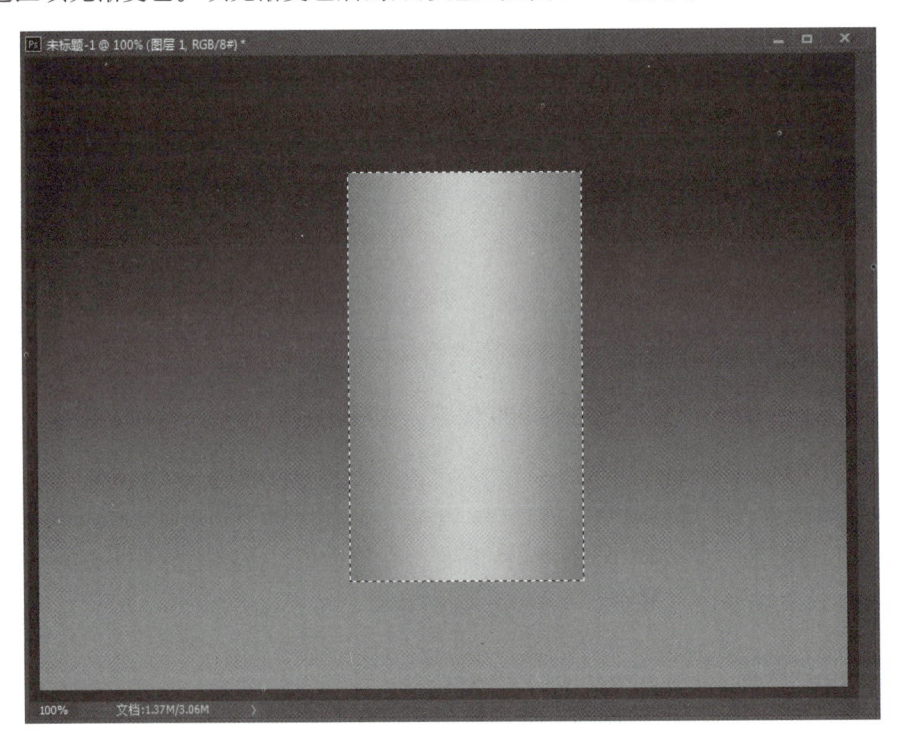

图 3-18　填充渐变颜色后的矩形选区

4）按 <Ctrl+D> 组合键取消选区，按 <Ctrl+T> 组合键对填充好的矩形进行自由变换，在变换框内右击，在弹出的快捷菜单中选择"透视"命令，如图 3-19 所示。

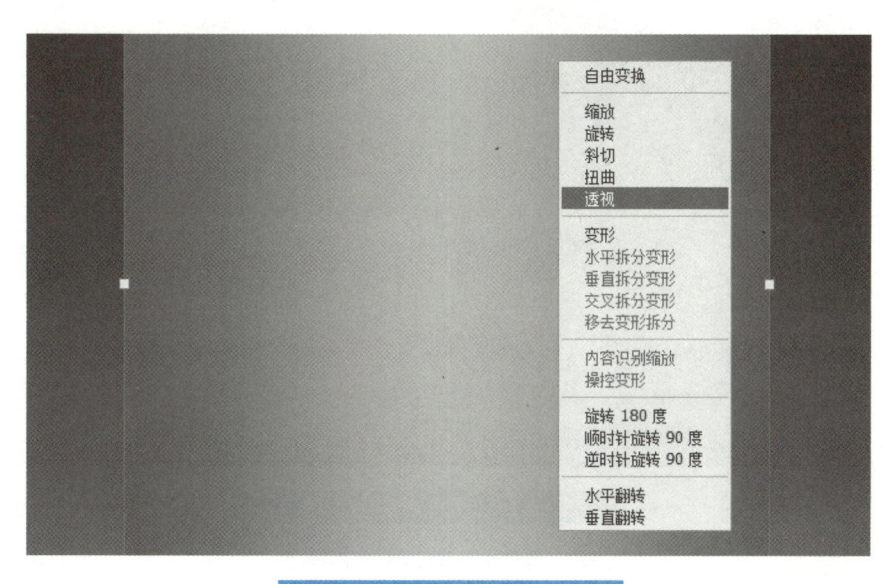

图 3-19　自由变换快捷菜单

5）按 <Ctrl+R> 组合键打开标尺，按住鼠标左键从垂直方向的标尺上拖出一条参考线至矩形的中心。按住鼠标左键拖动变换框左上角或右上角的控制点至变换框上边的中心点，直至与其重合，形成锥体的形状。按 <Enter> 键确认变换，效果如图 3-20 所示。

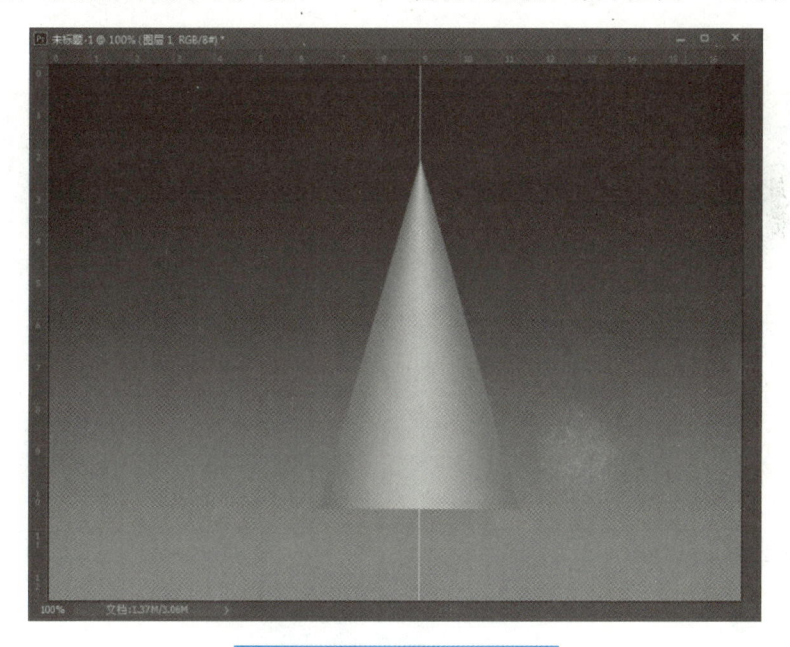

图 3-20　矩形变换成锥体

6）按住 <Ctrl+"+"> 组合键，将图像放大，按住 <Space> 键，鼠标指针变为抓手工具时拖动图像，使图像底部显示出来。单击选中工具箱中的椭圆选框工具，以辅助线为圆心，按住 <Alt> 键的同时，在锥体底部按住鼠标左键拖拽创建一个椭圆形选区，和锥体的边缘重合，如图 3-21 所示。

图 3-21 绘制的椭圆形选区

7）按 <Ctrl+"-"> 组合键将图片缩回到原来大小。单击选中工具箱中的矩形选框工具，在其属性栏中单击选中"添加到选区"按钮，使用矩形选框工具绘制一个矩形选区，将锥体整个框入，让矩形选区的下底边穿过椭圆直径所在的位置，与椭圆直径相重合，如图 3-22 所示。

8）按 <Shift+Ctrl+I> 组合键反向选择，再按 <Delete> 键删除选区内多余的部分，按 <Ctrl+D> 组合键取消选区，得到锥体的最终形状，如图 3-23 所示。

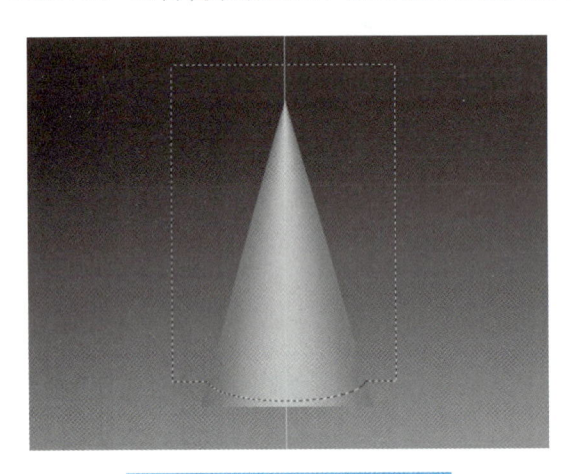

图 3-22 绘制的矩形选区

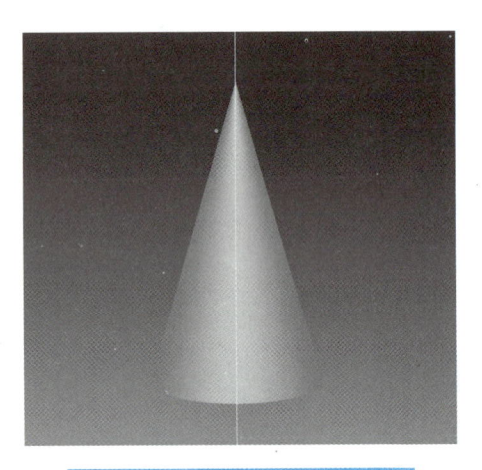

图 3-23 制作完成的圆锥体

3．制作投影

1）单击"图层"面板底部的新建图层按钮，新建"图层 2"。单击选中工具箱中的多边形套索工具，绘制图 3-24 所示的阴影选区。按 <Shift+F6> 组合键，将选区羽化 5 像素。

2）设置前景色为深灰色，按 <Alt+BackSpace> 组合键在选区内填充前景色。按 <Ctrl+D> 组合键取消选区，将图层 2 移至图层 1 之下。调整图层顺序后的效果如图 3-25 所示。

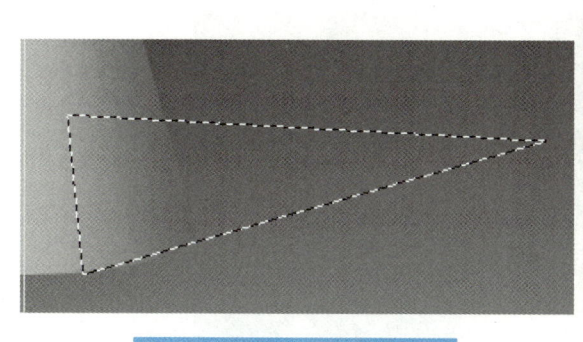

图 3-24 绘制的阴影选区　　　　　图 3-25 调整图层顺序

3）单击选中工具箱中的橡皮擦工具，选择笔头为柔边圆，设置合适的笔头大小，不透明度设为 50%，将"投影"右侧部分擦淡，效果如图 3-26 所示。

图 3-26 将"投影"右侧部分擦淡

4）将画笔笔头调小，将图中圈出的多余部分擦掉，处理得自然一些，效果如图 3-27 所示。

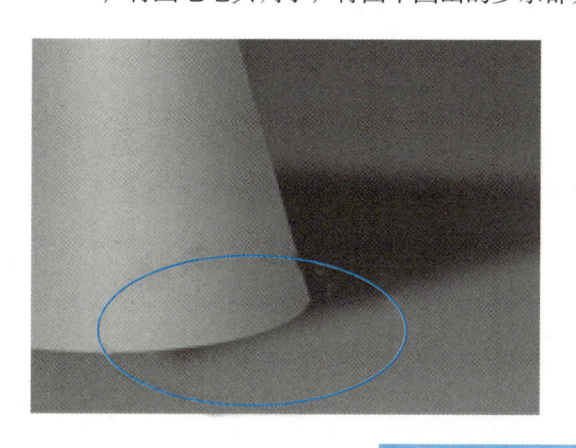

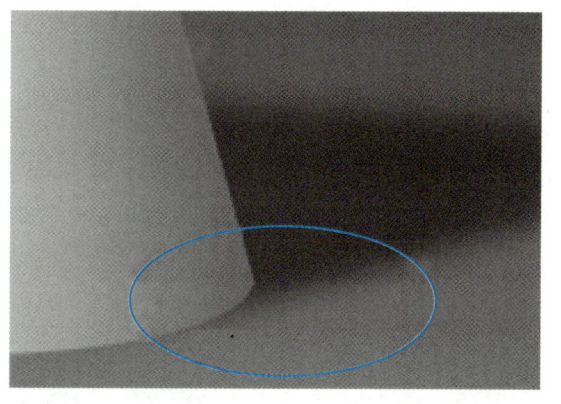

图 3-27 将圈出的多余部分擦掉

5）圆锥体制作完成，最终效果如图 3-28 所示。修改调整作品的细节，养成及时保存作品的良好习惯，按 <Ctrl+S> 组合键保存文件，命名为"圆锥体 .psd"。

图 3-28　圆锥体的最终效果

知识加油站

1．渐变工具组

渐变工具组中包括渐变工具、油漆桶工具和 3D 材质拖放工具。

（1）渐变工具

渐变工具是一款运用非常广泛的工具，可以把较多的颜色混合在一起，邻近的颜色间相互形成过渡。这款工具使用起来并不难，选中这款工具后，在其属性栏中设置好渐变方式，如线性、径向、角度、对称、菱形等，然后选择好起点，按住鼠标左键并拖动到终点松开即可形成想要的渐变色。

（2）油漆桶工具

油漆桶工具是一款填色工具，可以快速对选区、画布、色块等填色或填充图案。它的操作也较为简单，先选中这款工具，在相应的地方单击即可填充。如果要在色块上填色，需要在属性栏中设置好容差值。Photoshop 油漆桶工具可根据像素颜色的近似程度来填充颜色，填充的颜色为前景色或连续图案。

> **注意**：油漆桶工具不能作用于位图模式的图像。

（3）3D 材质拖放工具

3D 材质拖放工具可以对 3D 文字和 3D 模型填充纹理效果。

2. 渐变工具组的属性栏

（1）渐变工具的属性栏

渐变工具的属性栏如图3-29所示。

图3-29　渐变工具的属性栏

渐变颜色条：渐变颜色条中显示了当前的渐变颜色，单击其右侧的扩展按钮，可以打开渐变颜色设置面板，如图3-30所示。

单击齿轮状设置按钮，打开"渐变编辑器"对话框，如图3-31所示。在其中可设置具体的渐变参数。

渐变类型按钮：包括线性渐变、径向渐变、角度渐变、对称渐变和菱形渐变5种渐变类型。

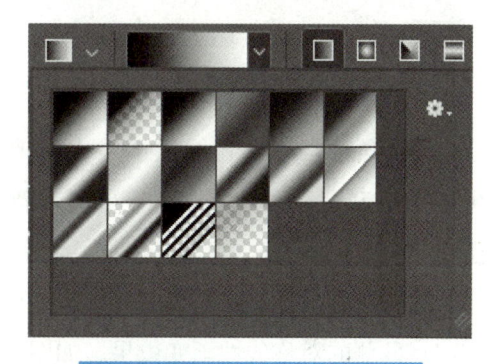

图3-30　渐变颜色设置面板

图3-31　"渐变编辑器"对话框

　：线性渐变，在图像文件中拖拽鼠标，将产生自起点到终点的线性渐变效果，如图3-32所示。

　：径向渐变，在图像文件中拖拽鼠标，将产生以起点为圆心、拖拽距离为半径的圆形渐变效果，如图3-33所示。

图 3-32 线性渐变

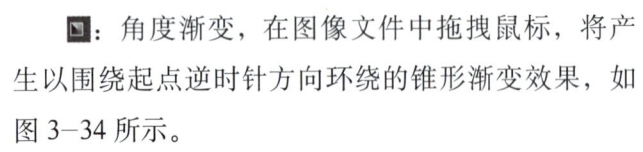

图 3-33 径向渐变

▣：角度渐变，在图像文件中拖拽鼠标，将产生以围绕起点逆时针方向环绕的锥形渐变效果，如图 3-34 所示。

▣：对称渐变，在图像文件中拖拽鼠标，将产生在起点两侧的对称线性渐变效果，如图 3-35 所示。

▣：菱形渐变，在图像文件中拖拽鼠标，将产生以起点为中心、拖拽距离为半径的菱形渐变效果，如图 3-36 所示。

图 3-34 角度渐变

图 3-35 对称渐变

图 3-36 菱形渐变

模式：正常：用来设置应用渐变时渐变色与底图的混合模式。

不透明度：100%：用来设置渐变效果的不透明度。

反向：可转换渐变条中的颜色顺序，得到反向的渐变效果。

仿色：该选项用来控制色彩的显示，选中此复选框可以使色彩过渡得更加柔和。

透明区域：选中此复选框可创建透明渐变。不选中此复选框则只能创建实色渐变。

(2) 油漆桶工具的属性栏

油漆桶工具的属性栏如图 3-37 所示。

项目 3　绘制图像

图 3-37　油漆桶工具的属性栏

前景：用于设置向画面或选区中填充的内容，包括"前景"和"图案"两个选项。选择"前景"选项，向画面中填充的内容为工具箱中的前景色；选择"图案"选项，并在右侧的图案下拉列表框中选择一种图案后，向画面填充的就是选中的图案。

模式：正常：设置填充图像与原图像的混合模式。

不透明度：100%：决定填充颜色或图案的不透明程度。

容差：32：控制图像中填充颜色或图案的范围。该数值越大，填充范围越大。

消除锯齿：选中此复选框，可以通过淡化边缘来产生与背景颜色之间的过渡，使锯齿边缘更平滑。

连续的：选中此复选框，利用油漆桶工具填充时，只能给与单击处颜色相近且相连的区域填充；若不选中此复选框，则可以给与单击处颜色相近的所有区域填充。

所有图层：选中此复选框，选择填充范围时所有图层都起作用。

项目拓展

一、填空题

1. 在 Photoshop 中，使用渐变工具可以创建丰富多彩的渐变颜色，从而制作很多奇妙的效果，如线性渐变、＿＿＿＿＿、＿＿＿＿＿、＿＿＿＿＿与＿＿＿＿＿。

2. 使用画笔工具时，按 <＿＿＿＿＿＿> 组合键可以减少画笔的直径大小，按 <＿＿＿＿＿＿> 组合键可以增加画笔的直径大小。

二、选择题

1. 在编辑渐变颜色时，（　　）不可以被编辑。
   A．前景色　　　B．位置　　　C．颜色　　　D．不透明度

2. 下面可以用于绘制水彩或油画艺术效果的工具是（　　）。
   A．画笔工具　　B．渐变工具　　C．混合器画笔工具　D．颜色替换工具

三、拓展训练

节约用电

节约用电，是国家发展经济的一项长期战略方针，是一项利国利民的政策。节约用电，有利于减轻电网的负荷压力，有利于节省社会资源，提高经济效益，也有利于削减废气对环境的污染。空调温度调高 1～2℃，可省电 10%。节省 1kW·h 电可节省约 400g 标准

煤和 4000g 水，并削减排放到大气中的硫化物和氮化物等废气。

任务要求　绘制图 3-38 所示的节约用电图标。

任务提示

1．使用椭圆选框工具和矩形选框工具绘制电池的下半部分，表示电量。渐变工具采用线性渐变填充，参考颜色：位置 0%（91c656），位置 3%（91c656），位置 45%（01822f），位置 98%（5cb12f），位置 98%（94c65d）。

2．使用椭圆选框工具绘制圆形，渐变工具采用径向渐变填充，参考颜色：位置 0%（7ec757），位置 100%（12953d）。然后，变换成椭圆放于电池电量形状的顶部。

3．使用矩形选框工具绘制电池的上半部分，填充绿色（12953d）。

4．使用多边形套索工具绘制闪电图标，填充橙色到黄色的对称渐变。

5．使用文字工具输入文字。

图 3-38　节约用电图标

项目 4
编辑与润饰图像

项目概述

对图像的编辑和润饰是平面设计中一个永恒的任务。Photoshop 为完成图像的编辑和润饰提供了丰富的工具。这些工具能够完成图像整体或局部的复制、图像背景的删除及图像的润饰等诸多任务。本项目详细介绍这些工具的特性及使用方法。通过各任务的实践,能够获得使用各种工具进行图像编辑和修改的技能,了解这些工具的使用方法和技巧,为完成各种复杂设计任务打下坚实的基础。

职业能力目标

知识目标
- 掌握图章工具、修复工具和润饰工具等对图像进行修饰的使用方法。
- 能够恰当地运用不同的修复工具对图像进行修复。

能力目标
- 具备综合使用图章工具、修复工具、润饰工具等修复图像的能力。
- 具备完成图像润饰任务的能力。

素养目标
- 培养审美情趣和追求细节完美、凡事尽善尽美的设计素养。
- 提高对肖像权的认识和保护意识,养成尊重他人肖像权的态度。
- 了解中华传统风格的独特魅力,传承和发扬中国传统文化。

任务 1　打造人物分身照

任务情境

"分身照"就像自己有了双胞胎兄弟姐妹一样，一张照片里拍出了同一个人的多个影像，很有意思！"分身照"的秘密其实就在合成，使用相同的构图与曝光，将被拍摄人物安排在不同的位置，并逐一拍摄下来，最后利用 Photoshop 将这些照片合成到一张照片里，就会变成本尊与分身的有趣场面。

任务分析

本任务将通过"仿制图章工具"将人物的多张照片合成到一张照片里，并将背景进行润饰，打造一张有趣的人物分身照。在处理人物照片时要注意人物的肖像权，未经肖像权人同意而使用其肖像，破坏了肖像权的专有性，是违法行为。

任务实施

1．制作分身照

7　打造人物分身照

1）打开素材图片 4-1-2，单击选中工具箱中的仿制图章工具，在其属性栏选择"柔边圆"笔头，按住 <Alt> 键的同时在人物中心单击选取取样点，对照片进行取样，取样效果如图 4-1 所示。

2）打开素材图片 4-1-1，新建图层 1，按住鼠标左键在沙滩的左半部分拖拽，直至拖拽出整个人物，效果如图 4-2 所示。

图 4-1　选取取样点　　　　　图 4-2　绘制第一张人物效果

3）单击"图层"面板底部的"添加矢量蒙版"按钮，给图层 1 添加图层蒙版。单击选中工具箱中的画笔工具，设置"柔边圆"笔头、前景色为"黑色"。在图层蒙版上使用画笔工具涂抹黑色，从而擦除图层 1 上使用仿制图章工具绘制出的图 4-3 所示的多余部分。擦除后的效果如图 4-4 所示。

项目4　编辑与润饰图像

图4-3　仿制图章工具绘制出的多余部分

图4-4　擦除后的效果

4）新建"图层2"和"图层3"，使用同样的方法，分别把素材图片4-1-3和素材图片4-1-4使用"仿制图章工具"复制到新建文件"图层2"和"图层3"的合适位置，效果如图4-5所示。

5）分别给"图层2"和"图层3"添加图层蒙版，使用画笔工具将仿制图章工具绘制出的多余部分擦除，使用移动工具调整三幅图像的位置，效果如图4-6所示。

图4-5　复制的"图层2"和"图层3"

图4-6　擦除"图层2"和"图层3"多余的部分

2．润饰背景效果

1）由于背景图的沙滩与人物素材的沙滩效果不同，使用人物素材的沙滩来替换背景图的沙滩。选择背景图层，在其上方新建图层4，再次打开人物素材图片4-1-2，使用套索工具将人物选取出来呈选区状态，如图4-7所示。

2）选择"编辑"菜单/"填充"命令，或者按<Shift+F5>组合键，打开"填充"对话框，内容选择"内容识别"，其余选项保持默认设置，单击"确定"按钮，按<Ctrl+D>组合键取消选区。使用"内容识别"填充后的效果如图4-8所示。

图4-7　选取人物呈选区状态

图4-8　使用"内容识别"填充后的效果

3）使用同样的方法，将上方的大海使用套索工具选取出来，也使用"内容识别"进行填充。多次使用套索工具绘制选区，使用"内容识别"进行填充，将沙滩上杂乱的部分去除，效果如图4-9所示。

4）单击选中工具箱中的仿制图章工具，在其属性栏中选择"柔边圆"笔头，按住<Alt>键，在沙滩的左上角单击选取取样点，对沙滩进行取样，如图4-10所示。

图4-9 使用"内容识别"填充后的效果

图4-10 取样点的位置

5）打开刚刚制作的背景图像，在"图层4"上进行涂抹。多次回到人物素材图片4-1-2进行取样，并在"图层4"上涂抹，直至涂抹出整个沙滩，效果如图4-11所示。

图4-11 涂抹后的沙滩效果

6）放大图像，仔细寻找沙滩上图4-12所示的杂乱部分，使用仿制图章工具进行修复。

图 4-12 沙滩上需要修复的部分

7)给"图层 4"添加图层蒙版,使用画笔工具将沙滩与海面连接处多余的部分擦除隐藏,效果如图 4-13 所示。

图 4-13 添加图层蒙版后的效果

8)选中"图层 1",选择"图像"菜单/"调整"/"曲线"命令,或者使用 <Ctrl+M> 组合键,调整"图层 2"和"图层 3"的亮度对比度,使图像融合效果更好。至此,人物分身照制作完成,效果如图 4-14 所示。本着精益求精、追求完美的精神,修改调整作品的细节,养成及时保存作品的良好习惯,按 <Ctrl+S> 组合键保存文件,命名为"人物分身照 .psd"。

图 4-14 人物分身照最终效果

知识加油站

1. 图案图章工具

图案图章工具有点类似图案填充效果。使用工具之前需要定义好想要的图案，再设置好属性栏的相关参数，如笔触大小、不透明度、流量等。然后，在画布上涂抹即可出现想要的图案效果，绘出的图案会重复排列。

图案图章工具的属性栏中前几个参数与前面介绍的工具的相关参数含义相同。它有一个特殊选项，"印象派效果"复选框。选中该复选框，涂抹到图片中的图案变得有一种模糊的效果。

> **说明** 在定义图案时，如果要将打开的图案定义为样本，可直接执行菜单栏中的"编辑"/"定义图案"命令。如果要将图像中的某一部分设置为样本图案，就要先选中要定义图案的部分，选择图案时使用的选框工具必须为"矩形选框工具"，且其属性栏中的"羽化值"必须设为"0"。选择好定义的图案后，再执行菜单栏中的"编辑"/"定义图案"命令，将其定义。

2. 仿制图章工具

仿制图章工具可以将一幅图像的选定点作为取样点，将该取样点周围的图像复制到同一图像或另一幅图像中。仿制图章工具也是专门的修图工具，可以用来消除人物脸部斑点、背景部分不相干的杂物、填补图片空缺等。

使用方法：选中这款工具，在需要取样的地方按住<Alt>键单击取样，然后在需要修复的地方涂抹即可快速消除污点等。当然，也可以在其属性栏中调节笔触的混合模式、大小、流量等，从而实现更为精确地修复污点。

仿制图章工具的属性栏：属性栏中前几个参数与前面介绍的工具的相关参数含义相同。其中，有两项需要特殊说明。

不透明度/流量：可以根据需要设置笔刷的不透明度和流量，使仿制的图像效果更加自然。

"对齐"复选框：选中该复选框可以多次复制图像，复制出来的图像仍是选定点内的图像；若未选中该复选框，则复制出的图像将不再是同一幅图像，而是多幅以基准点为模版的相同图像。

> **说明** 在使用仿制图章工具复制图像的过程中，复制的图像将一直保留在仿制图章上，除非重新取样将原来复制的图像覆盖。如果在图像中定义了选区内的图像，复制将仅限于在选区内有效。

项目 4　编辑与润饰图像

任务 2　修复污渍照片

任务情境

影楼拍摄不同风格的室内写真时会使用不同颜色的背景布，但由于长期反复使用，背景布上会有一些污渍，在后期处理时需要进行修复。本任务素材图片是一张中国风的姐弟写真，需要对它进行污渍修复，再搭配相应的中国风元素进行设计。

任务分析

本任务中的照片上有污渍，需要进行修复。Photoshop 中的污点修复画笔工具组包含污点修复画笔、修复画笔工具、修补工具和内容感知移动工具，这几个工具相互结合使用，可以针对破损照片的不同问题进行修复。本任务将综合使用这些工具对有污渍的照片进行修复，再使用中国风的花、鸟、竹、兰、印章等常用元素进行设计。

任务实施

1. 标注素材图片

1）启动 Photoshop，打开素材图片 4-2-1。

2）观察素材图片，背景布上有多处污渍需要修复，为方便讲解，在图 4-15 中将污渍分别做了标注。下面针对污渍特点分别使用不同的修复工具进行修复。

8　修复污渍照片

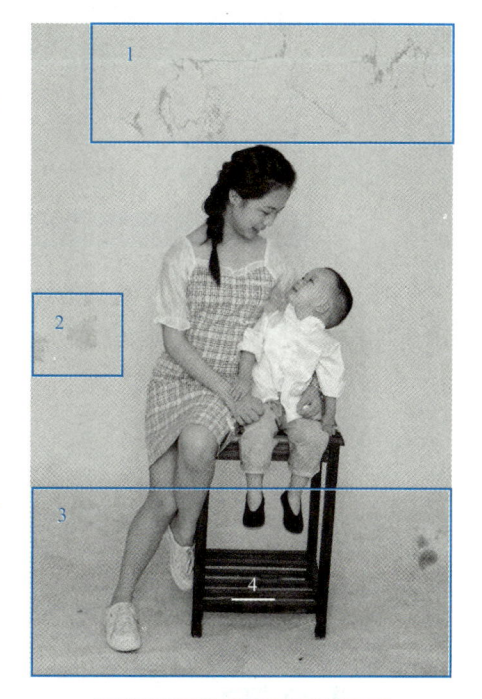

图 4-15　标注素材图片

2. 修复污渍 1

1）处理人物照片首先要将"背景"图层复制一份，防止在处理过程中损坏原图。按 <Ctrl+J> 组合键将背景图层复制一份生成"图层 1"。按 <Ctrl+"+"> 组合键放大图像，按 <Space> 键鼠标指针变为抓手工具，将图像拖放至"污渍 1"所在的位置，如图 4-16 所示。

图 4-16　放大图像

2) 首先来修复照片最上方的污渍。对于背景颜色比较单一的污渍，旁边有没有污渍的区域可供选择，这种情况通常使用修补工具进行修复。单击选中工具箱中的修补工具，在其属性栏中设置修补模式为"内容识别"，其他选项保持默认，按住鼠标左键将"污渍1"圈出一小部分，如图4-17所示。

3) 将圈出的"污渍"拖至旁边没有污渍的部位，即可修复，效果如图4-18所示。

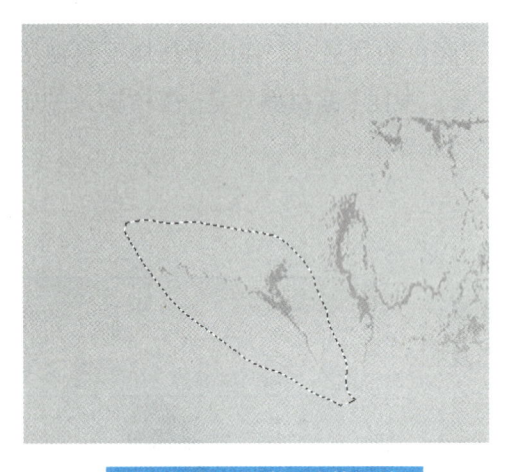

图4-17 圈出一小块污渍

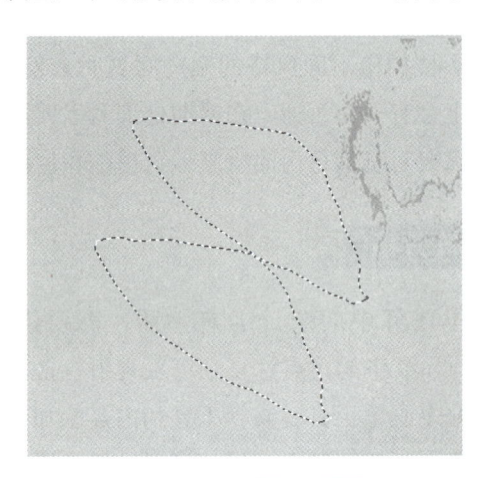

图4-18 修复效果

4) 使用同样的方法修复其他污渍。注意：不要一次性选中全部的污渍，每次只选出一小块进行修复，修复效果不好可以多修复几次。"污渍1"的修复效果如图4-19所示。

图4-19 "污渍1"的修复效果

3．修复污渍2

1) 按<Ctrl+"+">组合键放大图像，按<Space>键变为抓手工具，将图像拖放至"污渍2"所在的位置，如图4-20所示。

2) 对于小块的污渍直接使用污点修复工具修复即可。单击选中工具箱中的污点修复工具，在其属性栏中设置合适的笔头大小，类型设置为"内容识别"，在"污渍2"所在的位置使用污点修复工具单击，修复效果如图4-21所示。

4．修复污渍3

1) 按<Ctrl+"+">或<Ctrl+"-">组合键将图像缩放至合适的大小，按<Space>键变为抓手工具，将图像拖放至"污渍3"所在的位置，如图4-22所示。

图 4-20 放大图像

图 4-21 "污渍 2" 修复效果

图 4-22 放大图像

2) 对于大片的污渍可以使用修复画笔工具进行修复。先找一块同污渍位置色系相近没有污渍的位置,单击选中工具箱中的修复画笔工具,在其属性栏中设置源为"取样",按住 <Alt> 键在没有污渍的部位单击取样,在需要修复的污渍部位拖动鼠标进行修复,效果如图 4-23 所示。

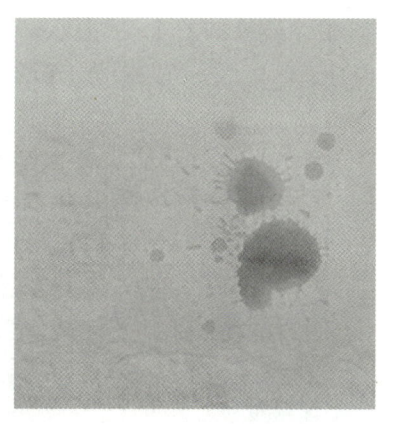

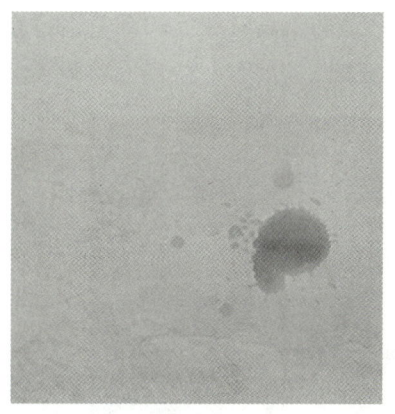

图 4-23 污渍修复对比效果

3）多次按住<Alt>键在没有污渍的部位取样，拖动修复其他污渍部位。每修复一下就按住<Alt>键重新取样再修复，注意纹理的相似性。粗修效果如图4-24所示。

4）要注重修图的细节和品质，靠近人物和板凳的位置要进行精修。由于使用修复画笔工具修复时会和底层图像融合，导致靠近人物和板凳的位置修复效果不好，这时可使用仿制图章工具进行修复，按住<[>键缩小仿制图章工具的笔头大小至9。同样，先按住<Alt>键取样，再拖动鼠标修复靠近人物和板凳的细节部位。精修效果如图4-25所示。

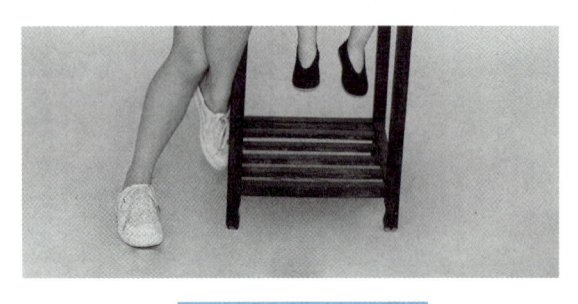

图4-24 粗修效果

图4-25 精修效果

5．修复污渍4

1）按<Ctrl+"+">组合键放大图像，按<Space>键变为抓手工具，将图像拖放至"污渍4"所在的位置。板凳中间的背景布有裂痕，单击选中工具箱中的内容感知移动工具进行修复，在其属性栏中设置模式为"扩展"，按住鼠标左键选择取凳中间没有破损的一块背景布，如图4-26所示。

图4-26 选取没有破损的一块背景布

2）使用内容感知移动工具将选区移动到"污渍4"的部位，自动添加自由变换框，可对选区进行适当调整。单击属性栏中的"提交变换"按钮确认变换，修复效果会和底图相互融合。按<Ctrl+D>组合键取消选区，修复完成，效果如图4-27所示。

3）选择合适的工具对裂痕的细节进行修复，最终效果如图4-28所示。至此，图像污渍已全部修复完成。

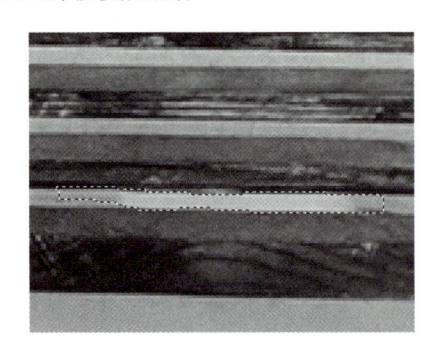

图4-27 确认变换

图4-28 修复好的"污渍4"效果

6. 中国风写真设计

1) 打开背景图片 4-2-2，将修复好的照片拖至背景图片中，自动生成图层 1。按 <Ctrl+T> 组合键自由变换，改变照片的大小和位置，将其放置于背景图像的中下方，如图 4-29 所示，按 <Enter> 键确认变换。

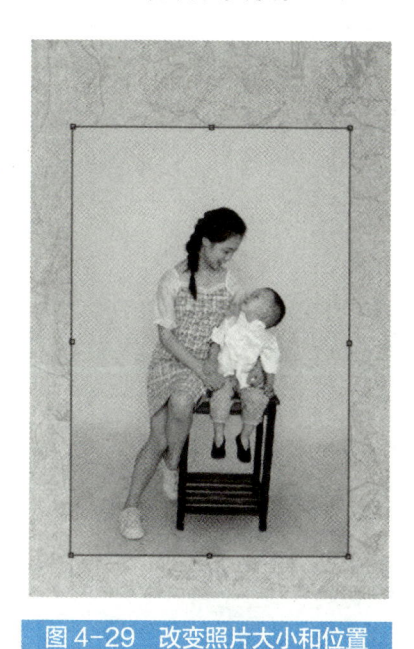

2) 选择"图层 1"，单击选中矩形选框工具，按住 <Shift> 键的同时，在照片的左上角绘制一个正方形选区，按 <Delete> 键删除图像，如图 4-30 所示。

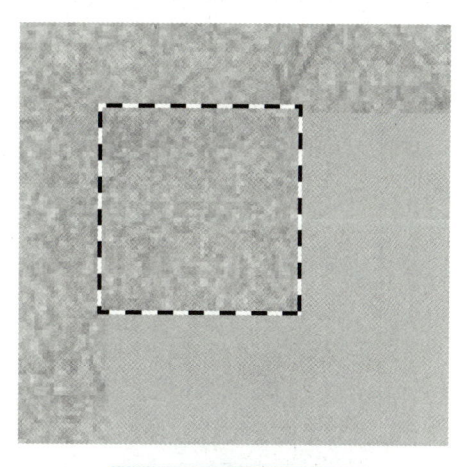

图 4-29 改变照片大小和位置

图 4-30 删除图像

3) 单击矩形选框工具属性栏中的"新选区"按钮。分别移动鼠标指针至照片的其他三个角，并按 <Delete> 键删除图像。完成之后按 <Ctrl+D> 组合键取消选区，如图 4-31 所示。

4) 单击图层样式按钮，给图层 1 添加描边效果，黑色、3 像素，效果如图 4-32 所示。

图 4-31 删除照片的四个角

图 4-32 添加描边的效果

5) 打开素材图片 4-2-3、4-2-4、4-2-5，将三个中国风的图像置入背景文件 4-2-2 中，分别调整它们的大小然后放置于照片的右上角、左下角和左上角的空白处，效果如图 4-33 所示。

6) 单击选中文字工具，在兰花上方输入文字"亲密无间"。在"亲密"两字后换行，"无间"前空 7 格。在"字符"面板中设置字体为"方正汉简简体"，"亲"和"间"的字号设为 90，"密"和"无"的字号设为 60，颜色为黑色，行距为 36 点，字符间距为 -100。

置入素材图片 4-2-6 印章，调整成合适的大小并放置于文字的右下方。使用直排文字工具，在印章上输入白色文字"姐弟"，设置合适的字体大小，效果如图 4-34 所示。

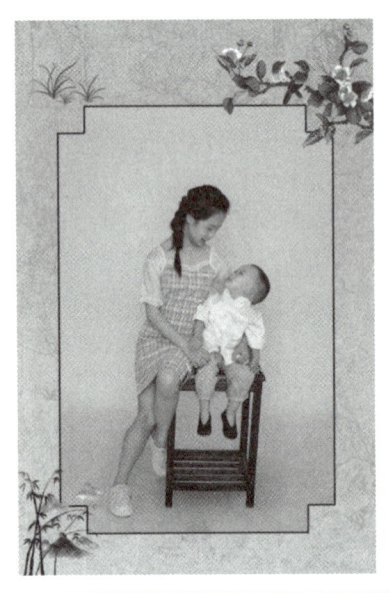

图 4-33　置入中国风图像的效果

图 4-34　印章文字效果

7) 至此，任务完成，最终效果如图 4-35 所示。修改调整作品的细节，养成及时保存作品的良好习惯，按 <Ctrl+S> 组合键保存，命名为"修复照片效果 .psd"。

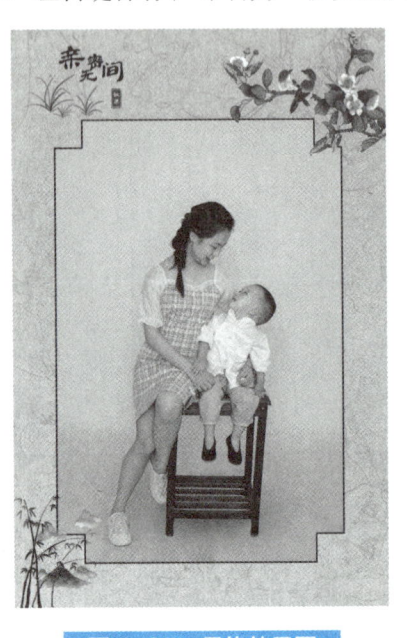

图 4-35　最终效果图

项目 4　编辑与润饰图像

> 知识加油站

1. 修复工具

(1) 污点修复画笔工具 ▆

使用污点修复画笔工具可以快速去除照片中的污点和其他不理想部分。通过提取图像中某一点的图像，将该点的图像复制到当前要修复的位置，并将取样像素的纹理、光照、透明度和阴影与所修复的像素相匹配，从而达到自然的修复效果。

(2) 修复画笔工具 ▆

修复画笔工具也是用来修复图片的。其操作方法：按住 <Alt> 键单击从图像中取样，并在修复的同时将样本像素的纹理、光照、透明度和阴影与源像素进行匹配，从而使修复后的像素自然地融入图像的其余部分。

(3) 修补工具 ▆

使用修补工具可以修改有明显裂痕或污点等有缺陷或者需要更改的图像。选择需要修复的选区，拖动需要修复的选区至附近完好的区域即可实现修补。该工具用于修复照片时，可以用来修复一些大面积的缺陷如皱纹之类的。

(4) 内容感知移动工具 ▆

内容感知移动工具是 Photoshop CS6 新增的一个功能强大，是一个操作非常容易的智能修复工具。它主要有两大功能。

1) 感知移动功能：这个功能主要是用来移动图片中的主体，并将其随意放置到合适的位置。对于移动后的空隙位置，Photoshop 会进行智能修复。

2) 快速复制：选取想要复制的部分，移到其他需要的位置即可实现复制。复制后的边缘会自动进行柔化处理，跟周围环境融合。

内容感知移动工具的操作方法：在工具箱的修复画笔工具组中单击选中内容感知移动工具，此时鼠标指针上会出现"X"图形，按住鼠标左键并拖动即可画出选区，跟套索工具的操作方法一致。先用这个工具把需要移动的部分选取出来，然后在选区中再按住鼠标左键拖动，拖至想要放置的位置后松开鼠标左键，系统就会进行智能修复。

(5) 红眼工具 ▆

使用红眼工具可去除用闪光灯拍摄的人物照片中的红眼，也可以去除用闪光灯拍摄的动物照片中的白、绿色反光。

2. 修复画笔工具组的属性栏

(1) 污点修复画笔工具的属性栏

污点修复画笔工具的属性栏如图 4-36 所示。

图 4-36 污点修复画笔工具的属性栏

■：用于调整画笔大小、硬度等。

■：用于设置所需的修复模式。

■：用于设置画笔修复图像区域后的类型。选择"创建纹理"选项，在图像上单击并拖动鼠标，这时该工具将自动使用覆盖区域中的所有像素创建一个用于修复该区域的纹理。

■：选择取样范围。选中该复选框，可以从所有可见图层中提取信息；若不选中该复选框，则只能从现用的图层中取样。

■：始终对"大小"使用"压力"。在关闭时，"画笔预设"控制压力。

（2）修复画笔工具的属性栏

修复画笔工具的属性栏如图 4-37 所示。

图 4-37 修复画笔工具的属性栏

■：用于设置修复画笔的大小和笔刷样式。单击画笔右侧的扩展按钮即可弹出图 4-38 所示的画笔设置面板，可以在此设置画笔的直径、硬度和压力大小等。

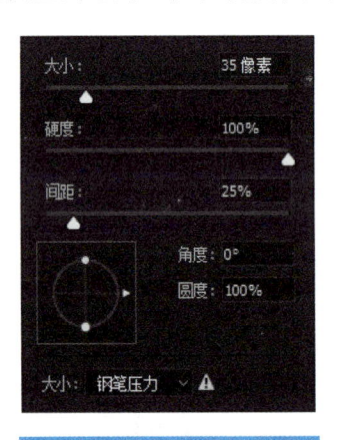

图 4-38 画笔设置面板

■：单击右侧的下拉按钮可选择复制像素或填充图案与底图的混合模式。

■：用于设置修复区域的源。选择"取样"选项后，按住 <Alt> 键在图像中单击可以取样，在图像中需要修复的区域涂抹即可；选择"图案"选项后，可在"图案"面板中选择图案或自定义图案填充图像。

■：对每个描边使用相同的位移。选中此复选框，下一次的复制位置会与上次的完全重合，图像不会因为重新复制而出现错位。

项目 4　编辑与润饰图像

（3）修补工具的属性栏

修补工具的属性栏如图 4-39 所示。

图 4-39　修补工具的属性栏

修补：正常：修补模式分为正常和内容识别两种模式。

正常模式：在图像上圈出需要修复的部位，把要修复的部位移动到相似的没有问题的部位。生成的填充区域会和原来的底层相互混合，效果会有点模糊、发暗。

内容识别模式：在图像上圈出需要修复的部位，把要修复的部位移动到相似的没有问题的部位。生成的填充区域会很清晰，因为它的混合方式是把没有问题的区域和待修复区域周边的内容相互混合得出的效果。

源：从目标修补源。选中该选项，选定区域内的图像将被拖拽选区并释放的图像区域所替代。

目标：从源修补目标选中该选项，释放选区的图像区域将被源选区的图像区域所替代。

透明：指混合修补时使用透明度。选中该复选框，被选定区域内的图像效果呈半透明状态。

使用图案：使用选择的图案填充所选区域并对其进行修补。选中此项，将在图像文件中的选择区域内填充选择的图案，并且与原位置的图像产生混合效果。

（4）内容感知移动工具的属性栏

内容感知移动工具的属性栏如图 4-40 所示。

图 4-40　内容感知移动工具的属性栏

选区：选区的建立方式，使用方法同选区工具。

模式：移动：有移动和扩展两种模式。

移动：就是对选区里的内容进行一个移动操作，然后合成到图片中。

扩展：就是复制选区里的内容，然后合成。

（5）红眼工具的属性栏

红眼工具的属性栏如图 4-41 所示。

图 4-41　红眼工具的属性栏

瞳孔大小：50%：用于设置修复瞳孔的范围。

— 77 —

容差：50%：用于设置修复范围的颜色的亮度。

对图 4-42 所示的红眼照片使用红眼工具修复后的效果如图 4-43 所示。

图 4-42　红眼照片　　　　图 4-43　修复红眼后的效果

项目拓展

一、填空题

1. 在 Photoshop 中定义图案时，首先要选择图案的部分，选择图案时使用的选框工具必须为_____，且其属性栏中的"羽化值"必须设为_____。

2. 使用仿制图章工具时，需要先按 <_____> 组合键定义图案。在图案图章工具的属性栏中，选中_____复选框，可以绘制类似于印象派艺术画的效果。

二、拓展训练

中国古窗文化

在我国古代，"窗"被视为建筑实体的重要组成部分。最早的时候，窗被称为囱，也就是屋顶的天窗，后又被叫作牖，也就是墙壁上开的窗，其种类主要有直棂窗、槛窗、支摘窗、漏窗等。在古人眼里，门窗有如天人之际的一道帷幕，而窗作为室内探测外界、外界窥视室内的眼睛，在中国建筑历史的长河中，成为别具一格的独特景致。

古窗搭配上梅兰竹菊图就仿佛成了一幅会流动的画，充满了诗情画意。梅、兰、竹、菊分别是指梅花、兰花、翠竹、菊花，被称为"四君子"，其分别代表傲、幽、澹、逸的品质。其文化寓意为：梅，探波傲雪，高洁志士；兰，深谷幽香，世上贤达；竹，清雅淡泊，谦谦君子；菊，凌霜飘逸，世外隐士。

任务要求　去掉素材图片中的水印，制作一幅古窗展示图，效果如图 4-44 所示。

图 4-44 古窗展示图

任务提示

1. 使用图案图章工具制作背景。
2. 利用仿制图章工具等修复工具去除古窗图片中的水印。
3. 对古窗图片进行调整大小、排版等操作，并添加印章、文字等装饰。

项目 5
设计与制作文字

项目概述

　　文字和图片是设计的两大构成要素。在平面设计布局中，字体设计在平面设计中占据着举足轻重的作用，文字排列组合的好与坏直接影响其版面的视觉传达效果。使用 Photoshop 进行排版设计时，一定会涉及字体的设计与制作。当在 Photoshop 中使用文字工具输入文字后，所做的操作就是使用"字符"面板对文字的字体、大小、间距等进行设置，还可以通过"图层样式"面板，对字体进行高级特效设置。本项目通过案例详细介绍使用文字工具设计与制作文字的方法。

职业能力目标

知识目标
- 了解文字工具的基本使用方法。
- 掌握使用"字符"面板调整文字对齐与分布的方法和技巧。
- 学会使用"图层样式"面板，并掌握对图像进行高级特效设置的技巧。

能力目标
- 能够使用"字符"面板调整文字。
- 能够使用"图层样式"面板对图像进行高级特效设置。

素养目标
- 养成善于发现问题与关键点的能力。
- 养成良好的团队合作能力，严谨规范的工作态度，精益求精、一丝不苟的职业精神，树立职业责任感。

任务 1　制作特效文字

任务情境

习近平总书记在全国生态环境保护大会上强调，要加快推动发展方式绿色低碳转型，坚持把绿色低碳发展作为解决生态环境问题的治本之策。这一理念和举措不仅有助于改善环境质量、促进生态平衡，还可以为人们提供更加健康、舒适的生活方式。本任务通过使用 Photoshop 进行"低碳环保，绿色生活"主题字体的设计，让每个人在实践中更加深入理解低碳环保和绿色生活的重要性，用正确的价值观引导，为建设美丽的地球家园而努力。

任务分析

本次任务主要是使用 Photoshop 的"图层样式"面板进行特效文字的制作，基本过程就是使用 Photoshop 文字工具输入文字，然后使用"字符"面板，对文字的字体、大小、间距等进行设置，再使用"图层样式"面板对文字进行特效制作，最终实现想要的效果。

任务实施

1. 输入文字

1）打开 Photoshop，新建宽度为 1665 像素、高度为 934 像素、分辨率为 72 像素/英寸的文件，命名为"低碳环保 绿色生活"。

2）单击选中工具箱中的文字工具，输入文字"低碳环保 绿色生活"，设置文字的大小为 150 点、字体为 Aa 动员宋，如图 5-1 所示。

2. 给文字添加图层样式效果

1）选择"字体"图层，单击"图层"面板下方的图层样式按钮 ，给文字添加投影效果。混合模式设为"正片叠底"，不透明度设为 100%，角度设为 30 度，距离为 9 像素，扩展为 8%，大小为 8 像素，效果如图 5-2 所示。

图 5-1　输入文字　　　　　图 5-2　给文字添加投影效果

2）给文字添加外发光效果。混合模式选择"颜色减淡"，不透明度为 40%，颜色为（255，240，0），图素大小为 8 像素，品质范围为 50%，效果如图 5-3 所示。

3）给文字添加颜色叠加效果。混合模式选为"正常"，颜色设置为 #52d252，不透明度设为 50%，效果如图 5-4 所示。

项目 5　设计与制作文字

图 5-3　给文字添加外发光效果

图 5-4　给文字添加颜色叠加效果

4）给文字添加光泽效果。混合模式选为"正片叠底",不透明度设为 41%,角度为 19 度,距离为 8 像素,大小为 18 像素,取消选中"消除锯齿"和"反相"复选框,效果如图 5-5 所示。

5）添加内发光效果。混合模式设为"颜色减淡",不透明度为 100%,图素大小为 10 像素,品质范围为 50%,效果如图 5-6 所示。

图 5-5　给文字添加光泽效果

图 5-6　给文字添加内发光效果

6）给文字添加描边效果。如图 5-7 所示,设置大小为 3 像素,位置为"内部",混合模式为"正常",不透明度为 30%,填充类型为"渐变",进入渐变编辑器,添加色标,设置不同深浅的绿色,设置样式为"线性",选中"与图层对齐"复选框,角度设为 90 度,缩放为 100%,方法为"古典"。给文字添加描边的效果如图 5-8 所示。

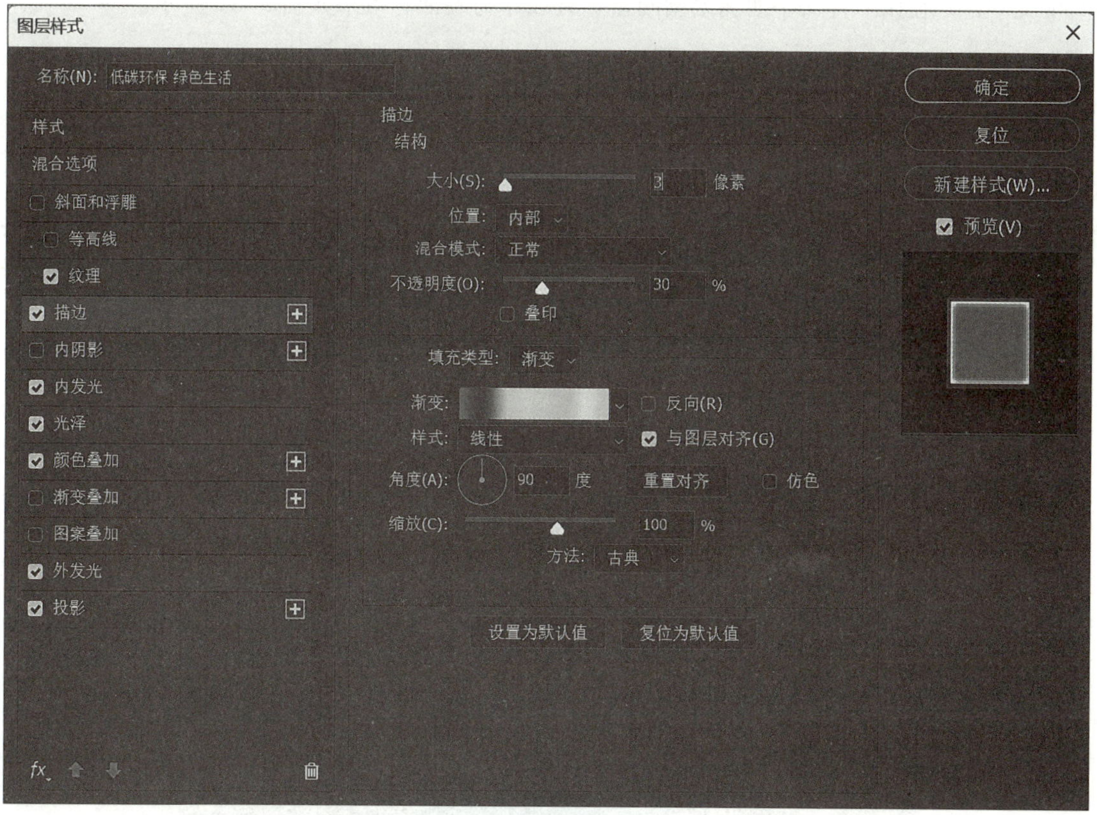

图 5-7　添加描边

低碳环保 绿色生活

图 5-8　给文字添加描边效果

7）给文字添加斜面和浮雕及纹理效果。结构样式设为"内斜面"，方法为"平滑"，深度设为 100%，方向为上，大小为 7 像素，阴影角度为 30 度，选中"使用全局光"复选框，高度为 30 度，高光模式为"叠加"，其不透明度为 100%，阴影模式为"正常"，其不透明度为 46%，调整斜面和浮雕的深度为 100%。给文字添加纹理效果，缩放选为 100%，深度为 −20%。最终的效果如图 5-9 所示。

低碳环保 绿色生活

图 5-9　给文字添加斜面和浮雕及纹理效果

8）选中横排文字工具，输入文字：落实"双碳"行动，共建美丽家园。设置字体为 Aa 动员宋，大小为 36 点，上下间距为 130 点。换行，继续输入文字：节能减排/绿色生活/保护环境/人人有责。设置字体为华文行楷，大小为 30 点，上下间距为 130 点。中心对齐两排文字，并在第一行文字两侧绘制两条短直线作为装饰。效果如图 5-10 所示。

——— 落实"双碳"行动，共建美丽家园 ———
节能减排/绿色生活/保护环境/人人有责

图 5-10　输入辅文

9）给文字添加背景图片，调整图片大小，最终效果如图 5-11 所示。进一步修改调整作品的细节，养成及时保存作品的良好习惯，按 <Ctrl+S> 组合键保存文件，命名为"低碳环保绿色生活 .psd"。

图 5-11　最终效果

项目 5　设计与制作文字

> 知识加油站

1. 文字工具的使用方法

文字工具组是用来创建文字的，其中包括四个工具：横排文字工具、直排文字工具、直排文字蒙版工具和横排文字蒙版工具。具体如图 5-12 所示。

单击选中某一个文字工具，鼠标指针变为光标状，在画布中单击即可输入文字。图 5-13 所示的是用四种文字工具输入文字的效果，其中用直排和横排文字蒙版工具输入后为选区。

图 5-12　文字工具组

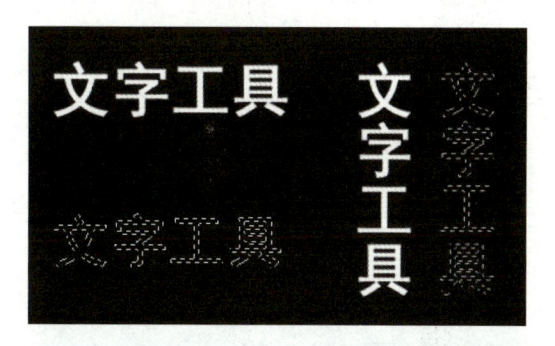

图 5-13　用四种文字工具输入文字的效果

2. 文字的"字符"面板

文字工具的属性设置通过"字符"面板实现，如图 5-14 所示。

  ：用于设置文字字体。

  ：用于对文字的字号大小进行设置。

  ：在图像中创建多行文字时，选中全部输入的多行文字，通过此选项，设置文字行与行之间的距离。

  ：用于设置两个字符间的距离。

  ：在图像中输入多个文字时，全部选中输入的多个文字，通过此选项，设置文字之间的距离。

  ：垂直缩放当前字符的高度，效果如图 5-15 所示。

图 5-14　"字符"面板

图 5-15　垂直缩放

  ：水平缩放当前字符的宽度，效果如图 5-16 所示。

  ：用于设置文本间的基线位移大小。

  ：用于设置文字的颜色。

图 5-16　水平缩放

— 85 —

T T TT T, T T：用于设置文字的显示效果，分别为加粗、斜体、全部字母大写、小型大写字母、文字上标、文字下标、文字加下画线、文字加删除线等效果。

3. "图层样式"面板

单击"图层"面板下面的图层样式按钮 fx，打开"图层样式"面板，如图 5-17 所示。通过它可以给文字添加各种图层样式。

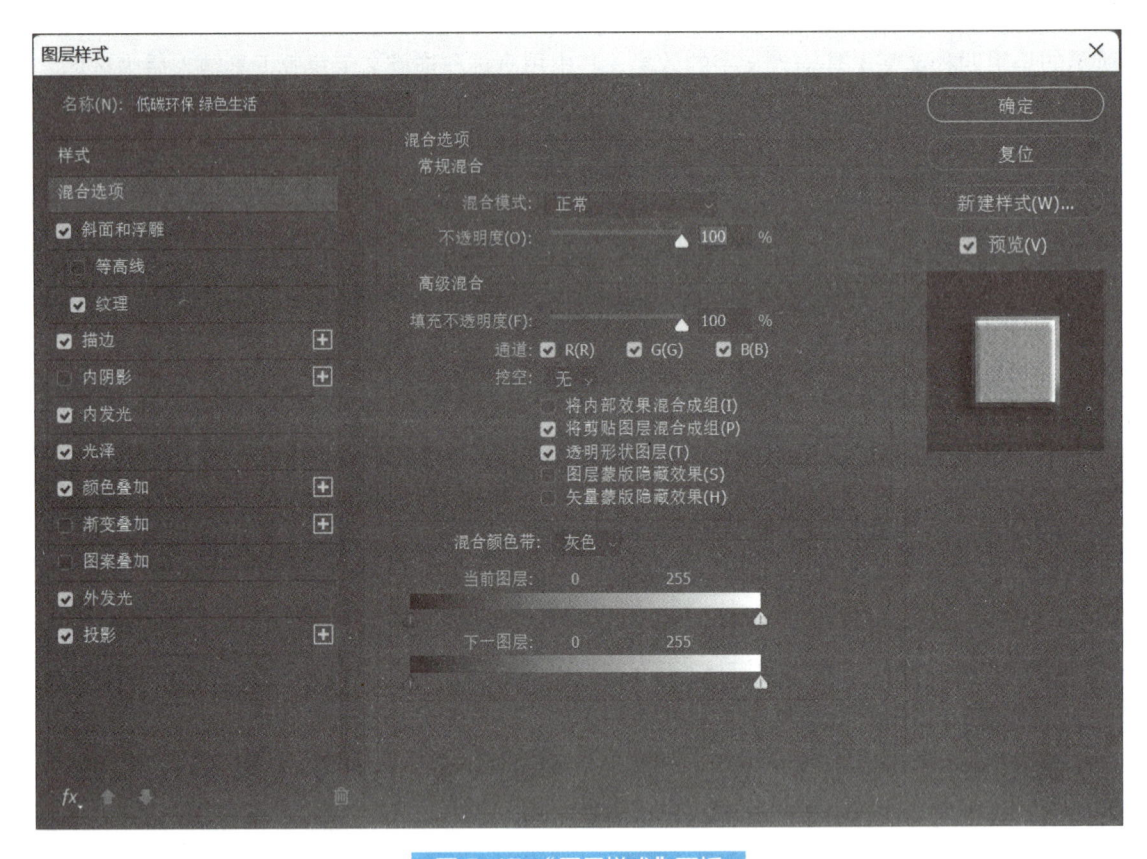

图 5-17 "图层样式"面板

任务 2　设计制作海报文字

任务情境

海报设计是平面设计中重要的板块，文字作为海报设计中必不可少的要素之一，是传达信息的重要手段。在进行海报设计时，除了要考虑视觉效果和传达的信息量，还应该注重思想政治教育的融入，让海报成为传递正能量和引导正确价值观的工具。本任务制作一款关于梦想的海报,注重传递正能量和引导正确的价值观,通过视觉元素和语言来鼓励人们追求自己的梦想,并在追求梦想的过程中坚持不懈、勇往直前。

任务分析

给海报文件添加背景图片,在海报背景图片上输入主体文字,为其添加图层样式;补充完善辅文信息,输入文字内容,调整画面布局进行排版。

任务实施

1. 制作海报主体文字

1)打开 Photoshop,打开背景图片。选择文字工具,输入"梦"字,打开"字符"面板,选择"电影海报字体",设置字体大小为 130 点。继续输入"想""同""行"三个文字,调整文字的位置。效果如图 5-18 所示。

2)置入人物素材,按住 <Shift> 键调整素材图片的大小,将其放置在画面适当位置,如图 5-19 所示。选择"人物"图层,将此图层命名为"人"。

图 5-18 输入主体文字

图 5-19 调整人物素材

3)选择文字"梦",给文字添加图层样式"渐变叠加",打开渐变编辑器,在 0% 的位置设置颜色为(R:24,G:86,B:178),在 100% 的位置设置颜色为白色,线性渐变,如图 5-20 所示。再添加"投影"样式,设置距离为 2、大小为 4。

4)右击"梦"文字层,选择"拷贝图层样式"命令,再分别右击"想""同""行"文字图层及人物图层,粘贴图层样式,效果如图 5-21 所示。

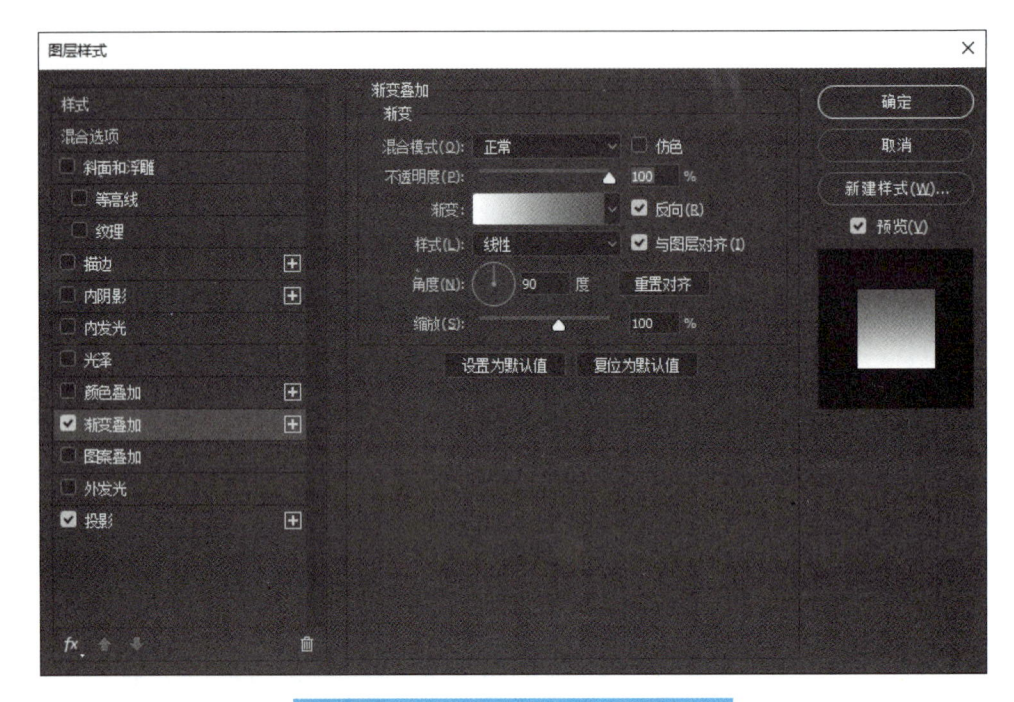

图 5-20 添加"渐变叠加"图层样式

图 5-21 粘贴图层样式

2．制作装饰文字及图案

1）新建图层命名为"矩形1"，选择矩形选框工具，绘制矩形选区，填充蓝色（R:24，G:86，B:178）到白色的线性渐变。在矩形上使用直排文字工具输入文字"努力 勤奋"。在"字符"面板设置文字大小为12点、颜色为白色、字体为"方正粗黑宋简体"、字符间距100。文字效果如图5-22所示。

2）选择直线工具，绘制白色斜线用于装饰，复制装饰线条，调整白色装饰线条到画面适当的位置，效果如图 5-23 所示。

图 5-22　创建矩形输入文字

图 5-23　绘制装饰线条

3）使用直排文字工具输入文字"有一种合作叫赢得未来"和"用心专注是唯一的信仰"，在"字符"面板选择字体为"黑体"，设置文字大小为 9 点，文字颜色为白色，效果如图 5-24 所示。

4）制作页面边框。选择矩形工具，在画面中绘制矩形，设置填充为空、描边为白色、宽度为 1 像素，调整矩形位置，效果如图 5-25 所示。

图 5-24　调整文字的位置和大小

图 5-25　调整矩形位置

5）选择 Logo 素材，按住 <Shift> 键等比缩放素材，并将其放置到画面中适当的位置。在其下方输入文字"MENGXIANG TONGXING"，字体设为"微软雅黑"，大小为 8 点，字符间距为 -50。调整 Logo 和文字水平居中对齐。效果如图 5-26 所示。

6）选择直排文字工具，设置字符的大小为 19 点，字符的左右间距为 140 点，输入短横线，绘制装饰虚格线条并进行位置调整。装饰线条的效果如图 5-27 所示。

图 5-26　设置 Logo 素材

7）选择椭圆工具，按 <Shift> 键绘制两个同心圆，设置填充为无、描边为白色、宽度为 1.5 像素。复制两个同心圆，调整颜色为蓝色，调整装饰圆的位置，如图 5-28 所示。

8）在画面左下角，使用参考线工具绘制参考线，沿着参考线使用直线工具绘制矩形半框线条造型，删除参考线，调整造型线的颜色为白色。造型线的效果如图 5-29 所示。

9）使用横排文字工具在矩形半框内拖出文本框，在文本框内输入文字"用积极和主动的心态学习"，设置字体为黑体、大小为 12 点、字符间距为 100、行距为 16 点、文字居中对齐。文字设置效果如图 5-30 所示。

图 5-27　设置装饰线条

图 5-28　设置装饰圆　　　　图 5-29　绘制造型线　　　　图 5-30　文字设置效果

10）使用横排文字工具在海报右上方拖出文本框，在文本框内输入文字，设置文本左对齐、字体为黑体、字号为 10 点、行距为 14 点，效果如图 5-31 所示。

11）海报设置完成，最终效果如图 5-32 所示。本着精益求精、追求完美的精神，修改调整作品的细节，养成及时保存作品的良好习惯，按 <Ctrl+S> 组合键保存文件，命名为"设计海报文字 .psd"。

图 5-31　输入段落文本

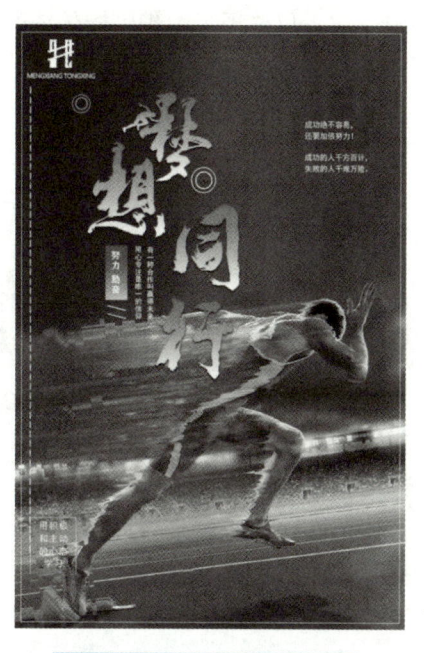

图 5-32　海报最终效果

项目拓展

一、填空题

1．Photoshop 的文字工具内含四个工具，分别是_____、_____、_____和_____，切换文字工具的组合键为 <_____>。

2．给文字添加图层样式效果，单击"图层"面板的_____按钮添加_____。

二、选择题

下列（　　）工具可以实现英文字母全部为大写状态的输入效果。

A. T　　　　　　B. T　　　　　　C. TT　　　　　　D. Tt

三、简答题

简述给文字添加斜面与浮雕效果的步骤。

四、拓展训练

重阳佳节，敬老孝亲

重阳节，在每年的农历九月初九。该节日最早起源于我国古代的自然崇拜，后来逐渐演变为纪念祖先和敬老的节日。在这一天，人们会有很多不同的庆祝方式和习俗。其中最常见的就是登高远眺和吃重阳糕，此外还有插茱萸、赏菊花、游园会等活动。这些活动不仅丰富了人们的业余生活，也让重阳节变得更加有趣和有意义。重阳节是一个充满欢乐和祥和气氛的节日。它不仅体现了中华民族传统的美德和价值观，也为人们提供了一个团聚和欢庆的机会。

任务要求 设计一幅"重阳思故"主题海报，效果参照图 5-33。

图 5-33 "重阳思故"主题海报

任务提示

1．利用横排文字工具、"字符"面板和"图层样式"面板绘制特效文字"重阳思故"。

2．利用横排文字工具输入其他装饰文字，使直线工具、椭圆工具、圆角矩形工具制作装饰图案。

项目 6
制作 3D 效果

项目概述

Photoshop 从 CS4 版本开始提供 3D 模式，CC 系列版本推出后，在 3D 技术方面有很大的改进，例如加强了 3D 场景面板的转换功能，让 2D 转向 3D 更加容易，还有更高级的预览功能。除此之外，还可以亲手制作发光效果、照明效果、灯泡光环及各种纹理等。本项目将通过任务对 Photoshop 的 3D 功能进行详细介绍。

职业能力目标

知识目标

- 了解 3D 工具的基本概念、操作方法和应用特点。
- 掌握 3D 对象工具、相机工具的使用方法。
- 掌握渲染和存储 3D 对象的方法。
- 掌握从 2D 图像创建 3D 对象的方法和应用技巧。

能力目标

- 能利用 3D 工具的特点制作出各种奇妙的产品造型和立体包装设计。
- 能更改或创建 3D 视图。
- 能从 2D 图像创建 3D 图像。

素养目标

- 养成求真务实、开拓进取的工作作风。
- 弘扬精益求精、追求卓越的工匠精神。
- 提升责任意识、规划意识、创新意识。

任务 1　设计精致的立体标牌

任务情境

Photoshop 不仅是一个二维软件，如今的 Photoshop 也加入了 3D 功能，且功能相当强大，可以基于 2D 对象，如图层、文字、路径等生成各种基本的 3D 对象，创建 3D 对象后，可以在 3D 空间移动它，更改渲染设置、添加光源或将其与其他 3D 图层合并，制作出不同的产品造型。

任务分析

本任务是使用 Photoshop 制作一个 3D 标牌，涉及 Photoshop 中的 3D 场景搭建、光效制作、智能对象关联的智能滤镜的使用、快速导出 PNG 等知识点，帮助大家在使用 Photoshop 的 3D 功能时能够更加规范、逻辑清晰。

任务实施

1. 制作基础图形

1）新建一个宽度为 1000 像素、高度为 800 像素、分辨率为 72 像素/英寸的文件，背景设置为深灰色。

2）按 <Shift+Ctrl+N> 组合键新建一个图层并命名为"背景墙"。使用圆角矩形工具绘制一个圆角矩形，填充灰色（#bdbdbd），如图 6-1 所示。

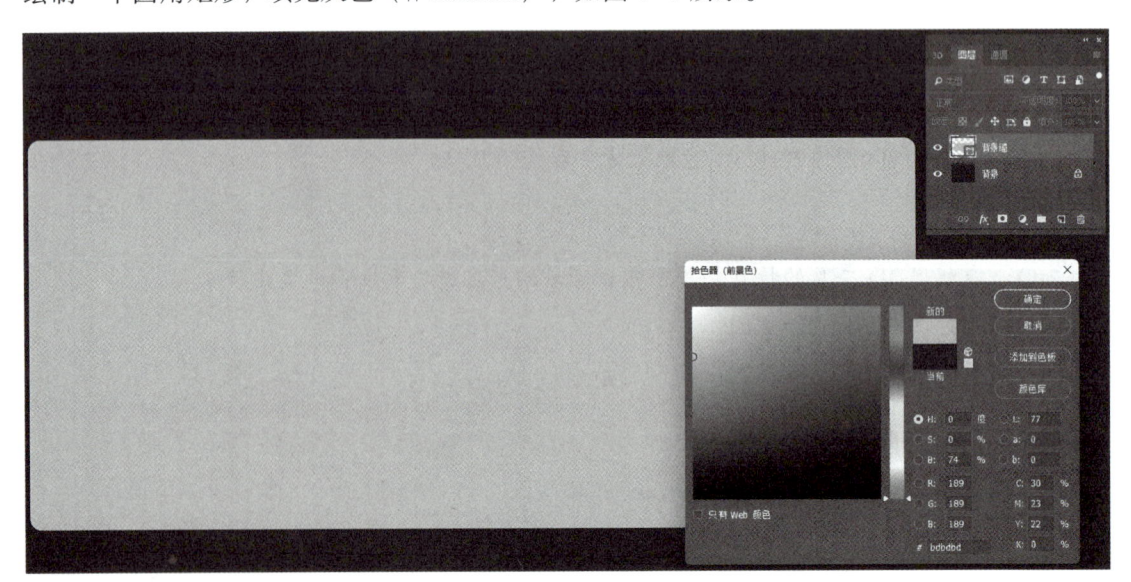

图 6-1　绘制圆角矩形

项目 6　制作 3D 效果

3）给背景墙加一点质感。右击"背景墙"图层，将该层栅格化，选择"滤镜"/"杂色"/"添加杂色"命令，打开"添加杂色"对话框，设置数量为 4。杂色不易添加过多，适量即可。效果如图 6-2 所示。

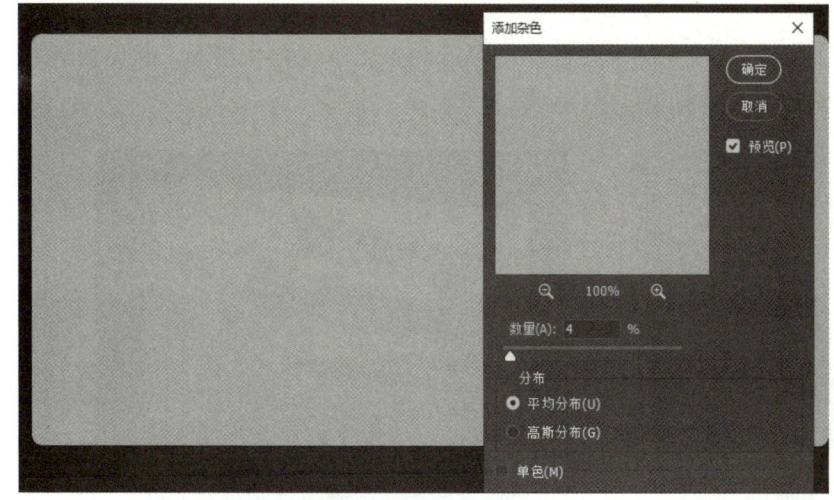

4）输入自己喜欢的文字，并对文字进行排版，如图 6-3 所示。

图 6-2　"添加杂色"对话框

图 6-3　文字排版效果

2．制作 3D 效果

1）选择文字图层，在菜单栏选择"3D"/"从所选图层新建 3D 模型"命令，如图 6-4 所示。在"属性"面板中取消选中"投影"效果，将"凸出深度"调整为 1 厘米，效果如图 6-5 所示。

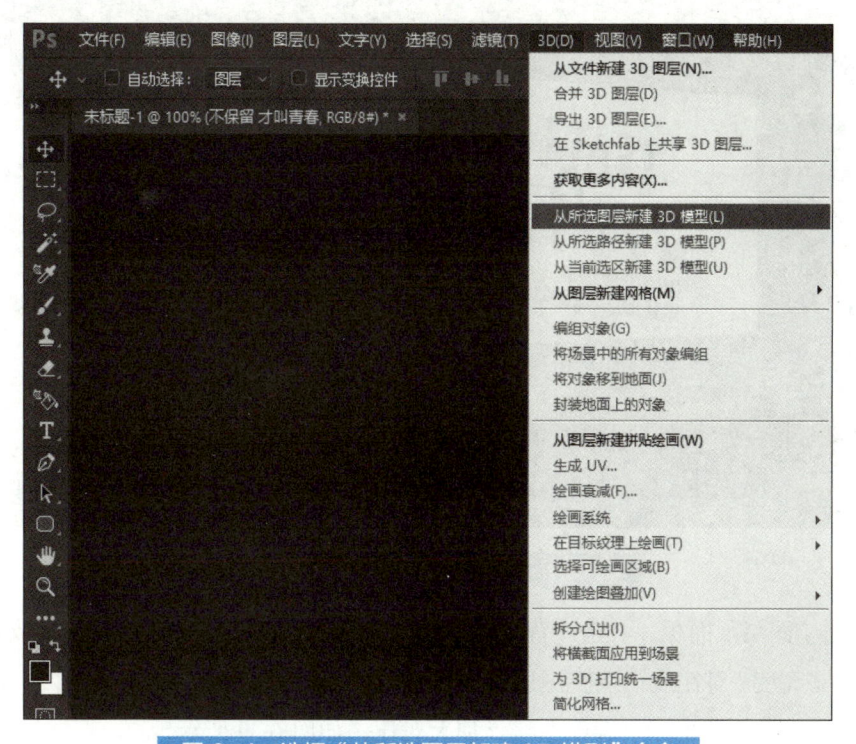

图 6-4　选择"从所选图层新建 3D 模型"命令

2）选中"背景墙"图层，菜单栏选择"3D"/"从所选图层新建 3D 模型"命令，将"凸出深度"调整为 3 厘米。

3）分别选中两个 3D 图层，按住鼠标左键拖动可以调整当前视角为侧面，从而看到背景墙和文字的厚度，效果如图 6-6 所示。

图 6-5　文字的 3D 效果

图 6-6　调整视角后的图像效果

4）在"3D"面板，单击"材质"选项卡，分别选中前膨胀材质、前斜面材质、凸出材质、后膨胀材质和后斜面材质，将颜色设置为不同深浅的黄色，如图 6-7 所示。

图 6-7　文字图层的材质和颜色设置

5）回到"图层"面板，右击"背景墙"图层，从弹出的菜单中选择"转换成智能对象"命令，新建"亮度/对比度"调整图层，设置亮度为 58、对比度为 13，如图 6-8 所示。按 <Ctrl+M> 组合键，添加一个智能曲线，加大对比，如图 6-9 所示。

项目 6　制作 3D 效果

图 6-8　添加亮度 / 对比度

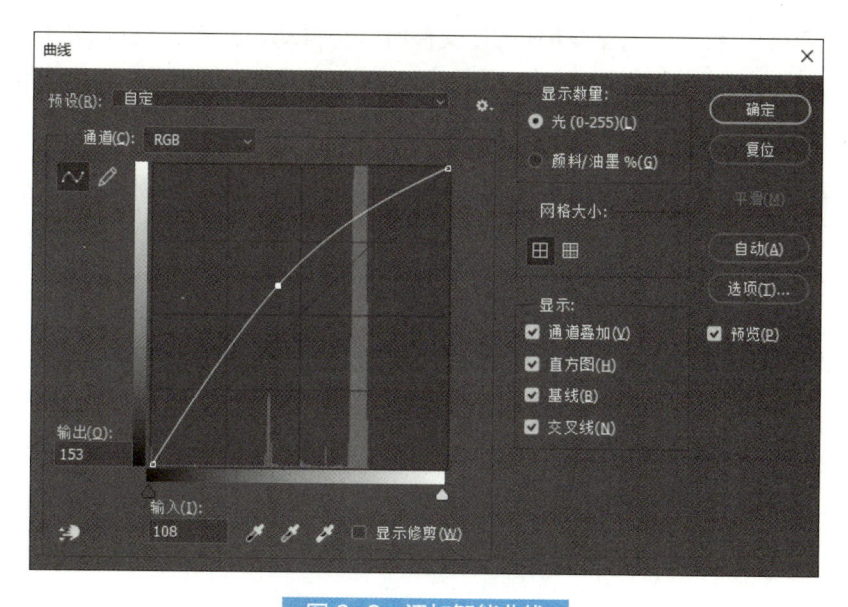

图 6-9　添加智能曲线

6）分别在"文字"图层和"背景墙"图层下方新建图层。使用多边形套索工具分别绘制阴影选区，按 <Shift+F6> 组合键将选区羽化 5 像素，填充黑色，调整图层的不透明度，为"文字"图层和"背景墙"图层分别添加投影效果，最终效果如图 6-10 所示。修改调整作品的细节，完成后及时保存作品，按 <Ctrl+S> 组合键保存文件，命名为"精致的立体标牌设计 .psd"。

图 6-10 最终效果

知识加油站

1．3D 操作界面

在 Photoshop 中打开、创建或编辑 3D 文件时，会自动切换到 3D 操作界面，Photoshop 能够保留对象的纹理、渲染和光照信息，并将 3D 模型放在 3D 图层上，在其下面的条目中显示对象的纹理。

在 3D 操作界面中，可以轻松创建 3D 模型，如立方体、球面和圆柱等，也可以非常灵活地修改场景和对象方向，拖曳阴影重新调整光源位置，编辑地面反射、阴影和其他效果。甚至还能将 3D 对象自动对齐至图像中的消失点上。

2．3D 文件的组件

3D 文件包含网格、材质和光源等组件。其中，网格相当于 3D 模型的骨骼；材质相当于 3D 模型的皮肤；光源相当太阳或白炽灯，可以使 3D 场景亮起来，让 3D 模型可见。

1）网格提供了 3D 模型的底层结构。网格看起来是由成千上万个单独的多边形框架构成的线框。在 Photoshop 中，可以在多种渲染模式下查看网格，还可以分别对每个网格进行操作。

2）一个网格可以具有一种或多种相关的材质，它们控制整个网格的外观或局部网格的外观。材质映射到网格上，能够模拟各种纹理和质感，如颜色、图案、反光度或崎岖度等。

3）光源类型包括点光、聚光灯和无限光。可以移动和调整现有光照的颜色和强度，也可以将新的光源添加到 3D 场景中。

项目 6　制作 3D 效果

任务 2　制作产品包装盒立体效果

任务情境

包装为产品提供了足够的保护和容纳空间，包装装潢以产品的展示为主体，使顾客能第一时间看到产品的酷炫外观，配合丰富的背景画面及文字介绍，能够为顾客带来高品质的观感和对产品性能的了解。本任务将使用 3D 工具命令来创建 3D 模型，并将设计好的图形应用到模型表面以直观地表现包装设计效果。

任务分析

新建一个立方体模型作为包装盒，分别导出包装盒平面图的每个面并命名，注意必须是 RGB 模式的 JPG 格式图像，把立方体的各个面用命好名的图片贴到材质球上，精确表现出实际的包装设计效果。

任务实施

1. 制作正方体

12 制作产品包装盒立体效果

1）新建一个宽度为 60 厘米、高度为 40 厘米、分辨率为 150 像素 / 英寸的文件，背景设置为深灰色（#282424）。

2）新建图层，选择"3D"/"从图层新建网格"/"网格预设"/"立方体"命令，如图 6-11 所示。

3）打开 3D 面板，选择"立方体图层"，在属性面板中选择"缩放"选项，取消选中"平均缩放"（见图 6-12），单位选择"厘米"，分别设置缩放尺寸为 38、28、11.5，如图 6-12 所示，调整当前视图的视觉角度，效果如图 6-13 所示。

2. 贴材质、调灯光与渲染

1）打开 3D 面板，分别选择前部材质、右侧材质等六个面的材质。当无法确定哪个面时，可在视图中单击一个面，会自动跳转到单击的面所在的层。单击属性面板中"漫射"右边的三角按钮，选择"替换纹理"命令，使用处理好的素材文件中包装盒各个面的设计图对立方体的每个面分别添加贴图，贴图效果如图 6-14 所示。

2）给包装盒贴材质后就是调整灯光。单击 3D 面板中的"无限光"场景，默认有一个灯光"无限光 1"。单击 3D 面板底部的"无限光"按钮，选择"新建无限光"命令，这时 3D 面板就会出现"无限光 2"，这个灯光用来给暗面补光。在属性面板中设置预设为"默认光"，如图 6-15 所示。

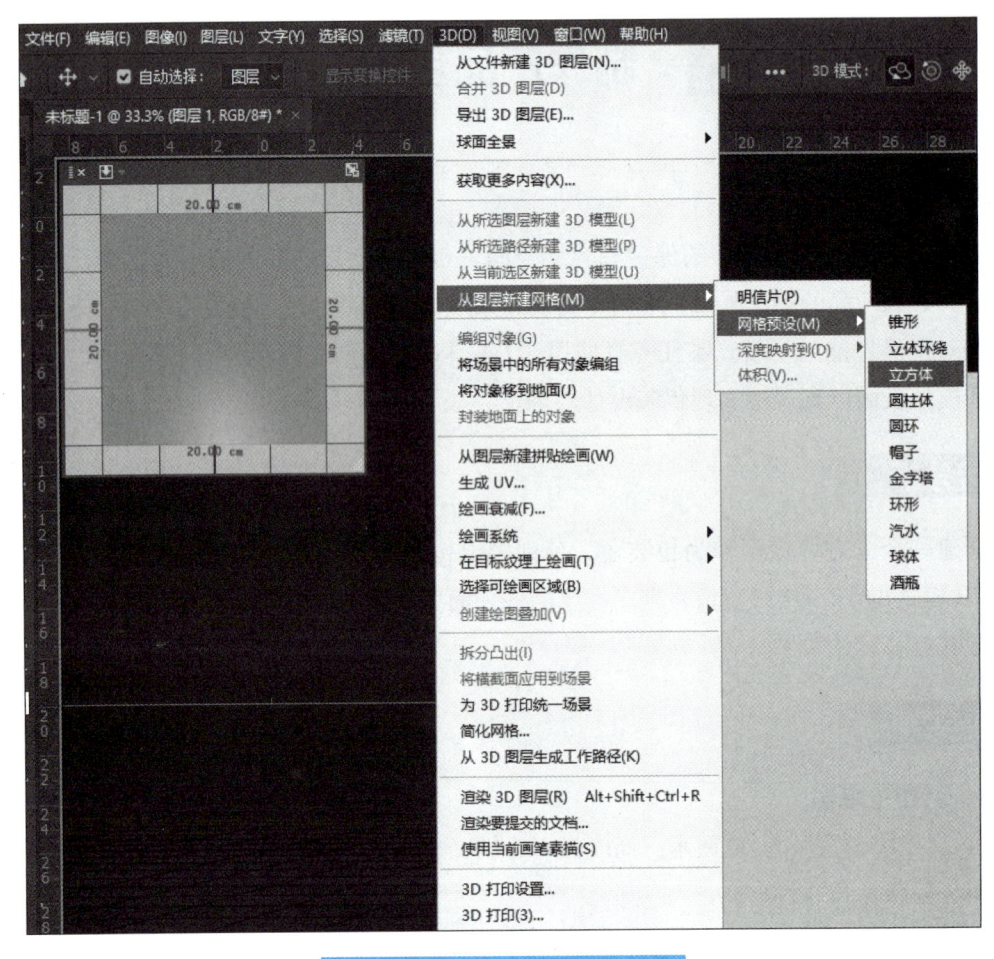

图6-11 新建"立方体"命令

图6-12 设置缩放尺寸

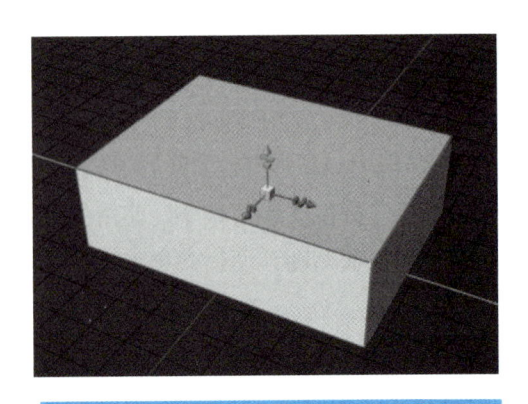

图6-13 调整大小和视角后的图像效果

项目 6　制作 3D 效果

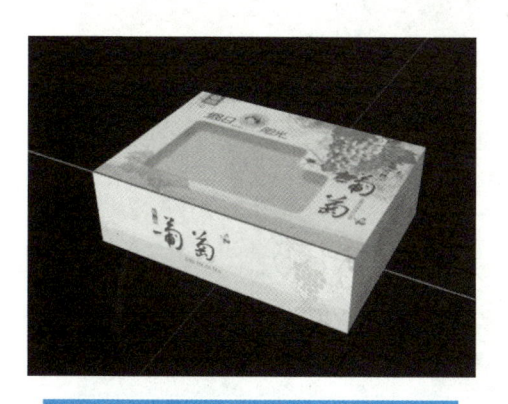

图 6-14　立方体各个面贴图的效果

图 6-15　设置无限光的预设

3）建立完灯光后会发现视图变得特亮，调整"无限光 1"的强度为 60%、柔和度为 20，如图 6-16 所示。调整"无限光 2"的强度为 40%。因为只需要一个投影，所以取消"无限光 2"的阴影。调整两个灯光的角度到满意为止，单击 3D 面板底部的"渲染"按钮预览效果，渲染之后贴图会显现原图色彩，效果如图 6-17 所示。

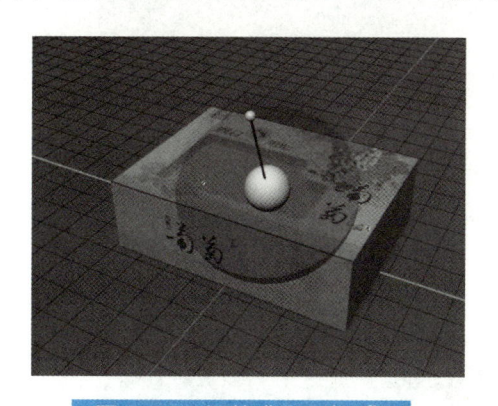

图 6-16　调整"无限光 1"

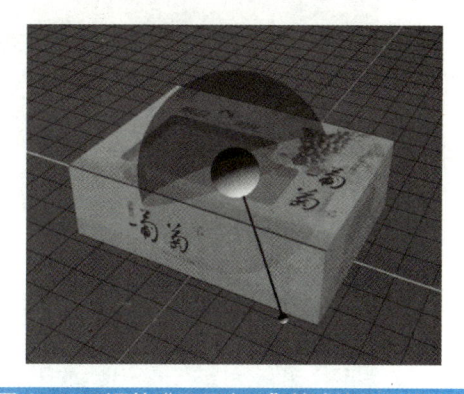

图 6-17　调整"无限光 2"并渲染之后的效果

4）回到图层面板，选择"窗口"菜单 /"工作区"/"基本功能（默认）"命令，使用渐变工具给"背景"图层添加一个线性渐变效果，颜色分别为深灰色（#282828）和中灰色（#585757），沿着右上角向左下角拖拽，效果如图 6-18 所示。

5）单击 3D 面板下面的"渲染"按钮，进行最终渲染。渲染的时间比较漫长，请耐心等待。最后给渲染好的图像新建"亮度 / 对比度"调整图层，设置亮度为 41、对比度为 33，增强质感，最终效果如图 6-19 所示。修改调整作品的细节，精益求精，及时保存作品，按 <Ctrl+S> 组合键保存文件，命名为"包装盒设计 .psd"。

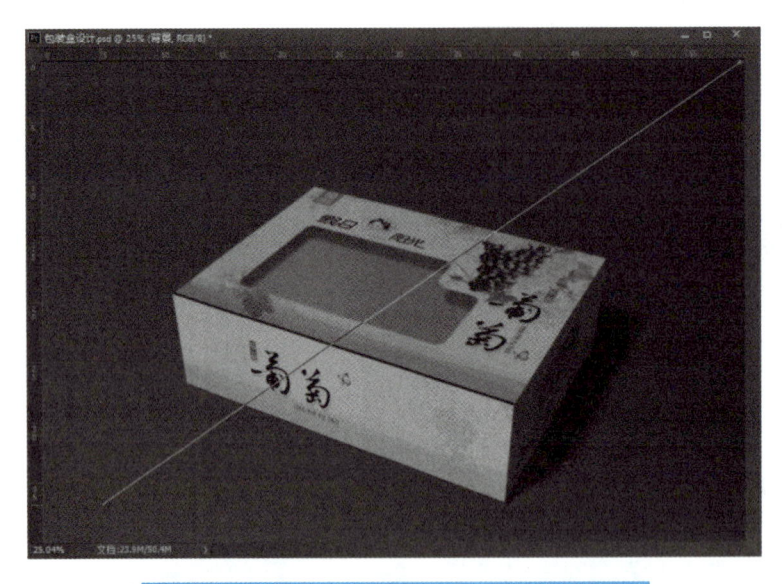

图 6-18 给"背景"图层添加渐变后的效果

图 6-19 包装盒的最终效果

知识加油站

1. 3D 对象和相机工具

选中 3D 图层时，会激活 3D 对象和相机工具。使用 3D 对象工具可更改 3D 模型的位置或大小；使用 3D 相机工具可更改场景视图。如果系统支持 OpenGL，还可以使用 3D 轴来操作 3D 模型和相机，如图 6-20 所示。

项目 6　制作 3D 效果

3D 轴显示 3D 空间中模型、相机、光源和网格的当前 x、y 和 z 轴的方向。当选中任意 3D 工具时，都会显示 3D 轴，从而提供了另一种操作选中项目的方式。

2. 从 2D 图像创建 3D 对象

Photoshop 可基于 2D 对象，如图层、文字、路径等生成各种基本的 3D 对象。创建 3D 对象后，可以在 3D 空间移动它、更改渲染设置、添加光源或与其他 3D 图层合并。

1）打开项目 6 素材文件夹中的素材 01 图片，使用横排文字工具输入文字"绿意盎然"，如图 6-21 所示。

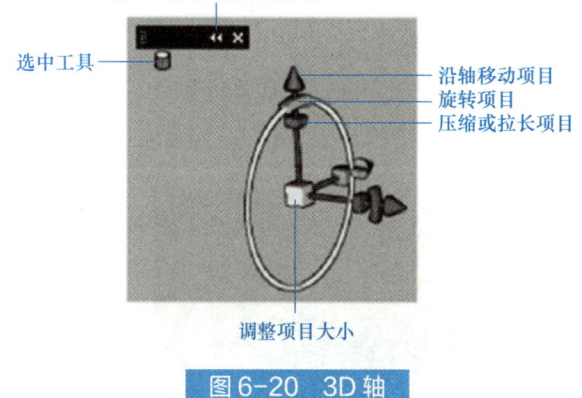

图 6-20　3D 轴

图 6-21　在图片上输入文字

2）选择"3D"菜单/"从所选图层新建 3D 模型"命令，创建 3D 文字。使用移动工具选中文字，在属性面板中为文字选择凸出样式，设置"凸出深度"为 6 厘米，如图 6-22 所示。

图 6-22　设置文字属性

3）使用旋转 3D 对象工具调整文字的角度和位置。单击场景中的光源，在属性面板中调整它的照射方向和参数，如图 6-23 所示。

图 6-23　调整光源属性

4）单击 3D 面板底部的"新建无线光"按钮，新建一个光源。在属性面板中，取消选中"阴影"复选框，设置"强度"为 62%，调整光源位置。最终效果如图 6-24 所示。

图 6-24　最终效果

项目拓展

一、填空题

1．3D 文件包含＿＿＿＿＿＿、＿＿＿＿＿＿和＿＿＿＿＿＿等组件。其中，网格相当于 3D 模型的＿＿＿＿＿＿；材质相当于 3D 模型的＿＿＿＿＿＿；光源相当于＿＿＿＿＿＿，可以使 3D 场景亮起来，让 3D 模型可见。

2．网格提供了 3D 模型的底层结构。通常，网格看起来是由成千上万个单独的多边形＿＿＿＿＿＿构成的线框。在 Photoshop 中，可以在多种渲染模式下查看＿＿＿＿＿＿，还可以分别对每个网格进行操作。

项目 6　制作 3D 效果

二、拓展训练

用 Photoshop 制作有立体感的徽标

Photoshop 是一款功能强大的图像处理软件，除了可以对 2D 图像进行处理，它还提供了一系列强大的 3D 绘图工具和功能。3D 字体制作是一种让字体具有立体感的设计风格，这种字体通常用于标题、标志或其他需要突出效果的设计中。

任务要求　制作立体徽标，如图 6-25 所示。

图 6-25　立体徽标

任务提示　利用素材图片，结合本项目讲述的 3D 制作技巧制作立体徽标，要求使用 3D 工具及 Photoshop 图像处理技巧制作。

项目 7
创建路径和矢量图形

项目概述

在 Photoshop 中要想绘制较为精确、细致的图形往往要使用矢量绘图工具。路径就是重要的矢量绘图工具，它是由一系列点连接起来的线段，具有强大的可编辑性及光滑曲率属性。用户可以根据需要将其转换成选区，以进行填充、描边等操作。在复杂图形的绘制和光滑区域的精确选取中，路径有着其他工具不可比拟的优势。路径可以使用钢笔、形状或直线等多种工具创建，也可以和选区之间相互转换。本项目将通过真实企业案例介绍钢笔工具及其他矢量图形工具的使用方法。

职业能力目标

知识目标

- 了解 Photoshop 中的各种路径。
- 了解 Photoshop 中矢量图形工具的基本功能和特点。

能力目标

- 能够利用钢笔工具绘制和编辑路径。
- 能够使用路径选取复杂图像区域进行精确抠图。

素养目标

- 培养学生健康的审美情趣，提升审美素养。
- 培养学生敬业、精益、专注、创新的精神。
- 了解中华传统风格的独特魅力，传承和发扬中国传统文化。

任务 1　制作雨水节气主题文字

任务情境

二十四节气是在春秋战国时期形成的、指导农事活动的补充历法，被誉为"中国第五大发明"。2016 年，它被列为世界非物质文化遗产。雨水是二十四节气中的第二个节气，在每年的正月十五前后（公历 2 月 18 日～2 月 20 日），此时太阳到达黄经 330 度。

任务分析

本任务利用路径工具制作海报主题文字。主要操作有：绘制"雨水"文字路径、描边及填充路径、为"雨水"文字图形创建剪贴蒙版效果，最后装饰"雨水"节气主题文字。

任务实施

1. 绘制"雨水"文字路径

1）打开 Photoshop，新建文件并命名为"制作雨水节气主题文字"。设置宽度为 2480 像素、高度为 3508 像素、分辨率为 120 像素 / 英寸、颜色模式为"RGB 颜色"。

2）使用文字工具输入文字"雨水"作为路径参考，设置字体为黑体、大小为 500 点、字距调整为 10、颜色为浅蓝色，如图 7-1 所示。

3）在路径面板中，单击底部的"创建新路径"按钮创建路径 1，并更名为"雨水文字路径"。在图层面板中，单击底部的"创建新图层"按钮创建图层 1，并更名为"雨水文字"。

4）第 1 条路径的绘制。选择钢笔工具，设置"选择工具模式"为"路径"。在图 7-2 所示的"雨"字第 1 笔左边起点单击绘制第 1 个锚点，按 <Shift> 键水平绘制路径，在第 2 个锚点处单击，按住 <Ctrl> 键单击空白处，结束第 1 条路径的绘制。

图 7-1　输入文字　　　　图 7-2　绘制第 1 条路径

5）第 2 条路径的绘制。选择钢笔工具，在图 7-3 所示的位置绘制第 3 个锚点，按 <Shift> 键垂直绘制第 4 个锚点。

6）在图 7-4 所示的"雨"字的中心轴上单击绘制第 5 个锚点。按住鼠标左键向右水平拖动，待路径曲线弧度合适后，松开鼠标左键。

图7-3 绘制第3、4个锚点　　图7-4 绘制第5个锚点

7）在"雨"字的右边、和第4个锚点水平对齐的位置单击，绘制第6个锚点，如图7-5所示。

8）按<Shift>键在和第3个锚点水平对齐的右方单击，绘制第7个锚点。按住<Ctrl>键在空白处单击，完成第2条路径的绘制，如图7-6所示。

9）使用同样的方法在图7-7所示的位置垂直绘制第3条路径。按住<Ctrl>键在空白处单击，结束第3条路径的绘制。

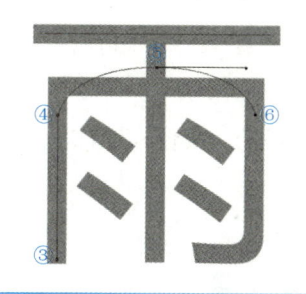

图7-5 绘制第6个锚点　　图7-6 绘制第2条路径　　图7-7 绘制第3条路径

10）绘制"雨滴"状路径。选择钢笔工具，在"雨"字第一个点所在位置单击，绘制"雨滴"状路径的第1个锚点。然后在该锚点左下方单击并向下拖动绘制第2个锚点，路径曲线弧度合适后，松开鼠标左键，按住<Alt>键单击第2个锚点去掉一侧控制线，如图7-8所示。

11）在和第1个锚点对齐的正下方的位置单击并向右拖动，绘制第3个锚点，直到路径曲线弧度合适后，松开鼠标左键，如图7-9所示。

12）在和第2个锚点对齐的右侧位置单击，绘制第4个锚点，如图7-10所示。

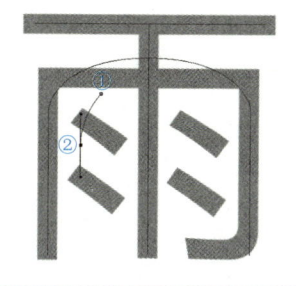

图7-8 绘制第1、2个锚点　　图7-9 绘制第3个锚点　　图7-10 绘制第4个锚点

13）回到第1个锚点所在的位置，单击绘制第5个锚点，闭合路径。按住鼠标左键向左上方拖动，待路径曲线弧度合适后，松开鼠标左键，如图7-11所示。

14）单击路径选择工具，选中"雨滴"路径，在按住<Alt+Shift>组合键的同时向下垂直拖动，复制出第2个"雨滴"路径。

15）按住<Shift>键的同时选中左边两个"雨滴"路径，使用同样的方法向右水平复制出另外两个"雨滴"路径，如图7-12所示。

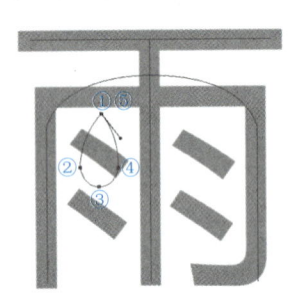

图7-11　绘制完成第1个"雨滴"路径　　　　图7-12　完成4个"雨滴"路径

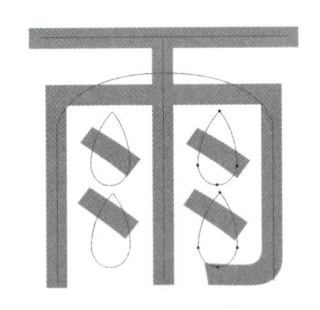

16）绘制"水"字路径。选择钢笔工具，在"水"字中间垂直绘制一条路径。按住<Ctrl>键在空白处单击，完成"水"字第1条路径的绘制，如图7-13所示。

17）选择钢笔工具，在"水"字左边，使用上述方法绘制S形路径。按住<Ctrl>键在空白处单击，完成"水"字第2条路径的绘制，如图7-14所示。

图7-13　绘制第1条路径　　　　图7-14　绘制第2条路径

18）选中绘制好的S形路径，同时按住<Shift+Alt>组合键水平向右再复制一条，如图7-15所示。

19）切换到图层面板，删除"雨水"文字图层，如图7-16所示。

图7-15　复制出第3条路径　　　　图7-16　删除"雨水"文字图层

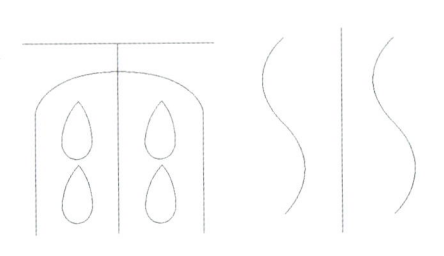

2．描边及填充路径

1）选择画笔工具，设置前景色为黑色，画笔参数设置如图7-17所示。

2）在"图层"面板新建一个图层，并命名为"雨水"，单击选中"雨水"图层。选择路径选择工具，按住<Shift>键，选择除了4个"雨滴"状路径之外的其余6条路径。在路径上右击，选择"描边子路径"命令，在弹出的对话框中选择画笔描边，确定后描边效果如图7-18所示。

图7-17 设置画笔工具的参数

3）按住<Shift>键，加选4个"雨滴"状路径，在路径上右击，选择"填充子路径"命令，在弹出的对话框中选择用"前景色"填充，确定后填充效果如图7-19所示。

图7-18 描边6条路径

图7-19 填充4个"雨滴"状路径

3．装饰"雨水"节气主题文字

1）置入素材"雨水背景"，调整图片的大小和位置。用"雨水背景"图层覆盖住"雨水文字"图层，图层位置关系如图7-20所示。

2）在"雨水背景"图层上右击，选择"创建剪贴蒙版"命令，即可为"雨水文字"图形创建剪贴蒙版效果，如图7-21所示。

图7-20 图层位置关系

图7-21 创建剪贴蒙版

3）依次置入"女孩""水稻"和"节气印章"图片素材，并调整图片的大小和位置。将"女孩"和"水稻"放在"雨水"文字上方，将"节气印章"放在"雨水"文字中间，如图7-22所示。

4）绘制方形边框图案。在"图层"面板中，新建图层并命名为"方框"。在"路径"面板中，新建路径图层并命名为"方框路径"。选择矩形工具，设为"路径"模式，按住<Shift>键绘制一个正方形路径，选中"方框路径"，按<Ctrl+T>组合键自由变换路径，按住<Shift>键将方框旋转45°，效果如图7-23所示。

图7-22　置入图片素材

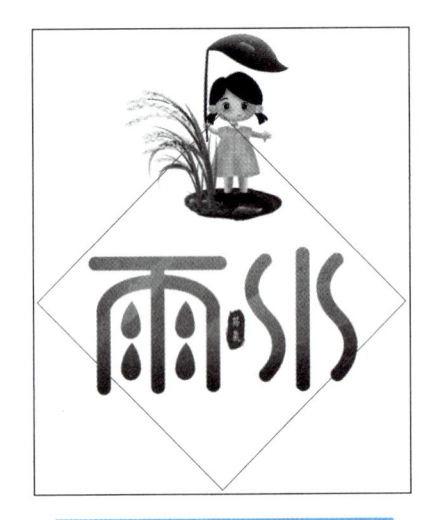

图7-23　绘制"方框路径"

5）选中方框，按<Ctrl+C>组合键复制路径，再按<Ctrl+V>组合键粘贴路径，在原位置复制出一个方框。在路径上右击，选择"自由变换路径"命令，同时按住<Shift>键和<Alt>键，向中心适当缩小新复制出的方框，如图7-24所示。

6）设置前景色为黑色，选择画笔工具，设置笔头大小为9像素、硬度为100%。选择路径选择工具，按住<Shift>键，选择两条"方框路径"。在画布上右击，选择"描边子路径"命令，在弹出的对话框中选择画笔描边，确定后效果如图7-25所示。

图7-24　复制并缩小"方框路径"

图7-25　描边"方框路径"

7）选择橡皮擦工具，设为硬边圆笔头，选择图层面板中的"方框"图层，擦除掉图像和方框重合部分的线条，效果如图7-26所示。

8）选择横排文字工具，输入装饰文字"【YU SHUI】"，设置字体为"微软雅黑"、大小为50点。在方框底部输入文字"中/国/二/十/四/节/气"，设置字体为"微软雅黑"、大小为52点。给背景填充淡蓝色到白色的线性渐变。雨水节气主题海报的最终效果如图7-27所示。本着精益求精，追求完美的精神，修改调整作品的细节，养成及时保存作品的良好习惯，按<Ctrl+S>组合键保存文件，命名为"制作雨水节气主题文字.psd"。

图7-26　擦除部分线条

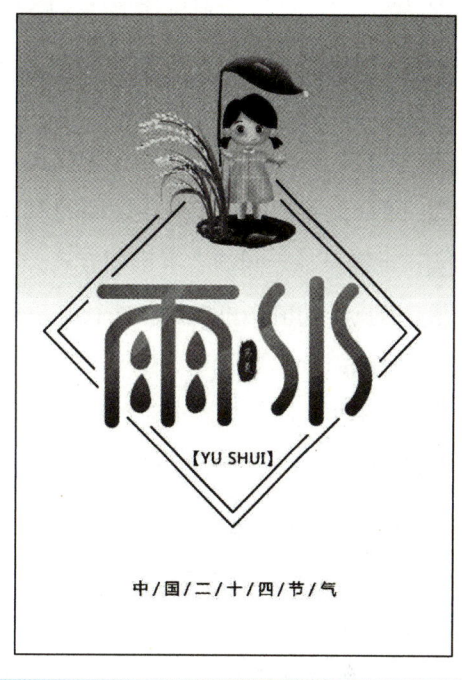

图7-27　雨水节气主题海报的最终整体效果

知识加油站

1．钢笔工具

使用钢笔工具可以创建直线路径和曲线路径，能够手动创建各种复杂的图形形状。钢笔工具是一系列工具的总称，包括钢笔工具、自由钢笔工具、添加锚点工具、删除锚点工具和转换点工具，如图7-28所示。

图7-28　钢笔工具系列

- **钢笔工具**：单击可以创建直线路径，单击并拖拽鼠标可以创建曲线路径。
- **自由钢笔工具**：以鼠标拖拽后形成的轨迹作为路径。
- **添加锚点工具**：在路径中增加新的锚点。
- **删除锚点工具**：删除路径中已有的锚点。
- **转换点工具**：通过单击或单击拖拽以转换路径中锚点的类型。

2．钢笔工具的属性栏

钢笔工具的属性栏如图 7-29 所示。

图 7-29　钢笔工具的属性栏

路径："类型"选项包括形状、路径和像素三个选项。

建立："建立"用于更加方便、快捷地使路径与选区、蒙版和形状间的转换。

：路径操作，可以实现路径的相加、相减、相交及排除等运算。

：可以设置两条以上路径之间的对齐方式，也可以设置路径相对于画布的对齐方式。

：设置路径之间的上下排列方式。

：橡皮带功能，可以设置路径在绘制的时候是否连续。

自动添加/删除：选中此选项，当钢笔工具移动到锚点上时，钢笔工具会自动转换为删除锚点样式；当移动到路径线段上时，钢笔工具会自动转换为添加锚点样式。

对齐边缘：选择"形状"选项时，将矢量形状边缘与像素网格对齐。

3．使用钢笔工具绘制直线

1）选择钢笔工具，在钢笔工具属性栏"类型"选项中选择"路径"。

2）在需要绘制线段的位置处单击，创建线段路径的第 1 个锚点。

图 7-30　绘制直线

3）移动鼠标到另一位置处单击，即可在该点与第 1 个锚点间绘制一条直线路径（同时按<Shift>键能够画出水平、垂直或 45°角倍数的直线），如图 7-30 所示。

4）按照上述方法单击继续绘制其他锚点，直至最后将鼠标光标移到路径的第 1 个锚点处，单击即可创建一条封闭的路径，如图 7-31 所示。

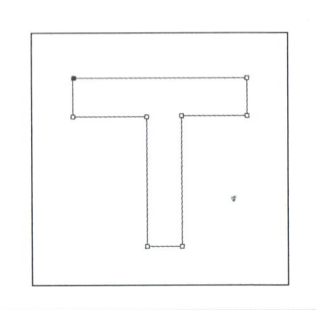

图 7-31　绘制直线型封闭路径

4．使用钢笔工具绘制曲线

1）选择工具箱中的钢笔工具，在图像中单击绘制起点，然后单击绘制第 2 个锚点，按住鼠标左键拖拽鼠标即可出现方向控制线，方向线的长短和方向决定了曲线的形态，如图 7-32 所示。

2）和绘制直线一样，最后单击起始的第 1 个锚点即可形成一条封闭的曲线，如图 7-33 所示。

项目 7　创建路径和矢量图形

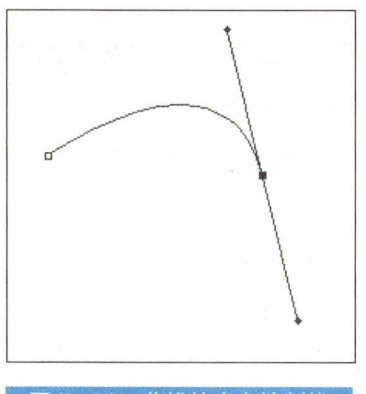

图 7-32　曲线的方向控制线

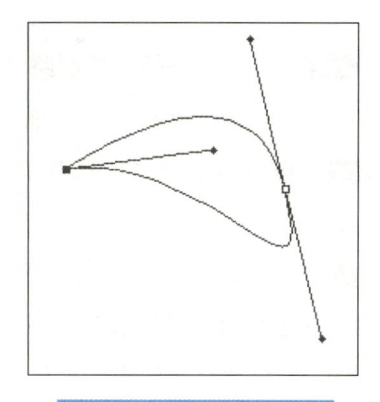

图 7-33　封闭的曲线

5．自由钢笔工具的使用

使用 [自由钢笔工具 P] 绘图，就像用铅笔在纸上绘图一样，绘图时将自行添加锚点，用于绘制不规则路径。其工作原理与磁性套索工具相同，它们的区别在于前者建立的是选区，后者建立的是路径。

1）选择工具箱中的 [自由钢笔工具 P]，在其属性栏中取消选中"磁性的"复选框，如图 7-34 所示。

2）按住鼠标左键拖动，在画布中使用自由钢笔工具绘制路径，如图 7-35 所示。

图 7-34　取消选中"磁性的"复选框

3）按 <Ctrl+Enter> 组合键将绘制的路径转换为选区，设置从灰色到浅灰色的线性渐变填充选区，按 <Ctrl+D> 组合键取消选区，如图 7-36 所示。

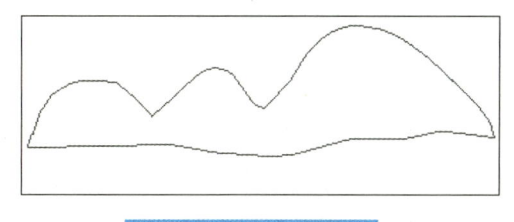

图 7-35　绘制路径

图 7-36　设置线性渐变填充选区

6．磁性钢笔的使用（相关素材 7-2-1.jpg）

选择工具箱中的自由钢笔工具，在其属性栏中选中"磁性的"复选框，如图 7-37 所示。使用磁性钢笔工具可以沿图像颜色的边界绘制路径，类似磁性套索工具。

单击自由钢笔工具属性栏 [☑ 磁性的] 选项左侧的 [▼]

图 7-37　选中"磁性的"复选框

按钮，在弹出的面板中可以设置磁性自由钢笔工具的参数，如图 7-38 所示。

— 115 —

曲线拟合：2像素：在绘制路径时控制路径的"灵敏度"。曲线拟合决定路径中锚点的多少。该数值越小，锚点越多；数值越大，锚点越少。其取值范围是 0.5～10.0 像素。

宽度：10像素：可以调整路径选择范围，该数值越大，选择的范围越大。按 <CapsLock> 键可以显示路径的选择范围。

对比：10%：可以设置磁性自由钢笔工具对图像中边缘的灵敏度。使用较高的值只能探测与周围强烈对比的边缘，使用较低的值则可探测低对比度的边缘。

频率：57：决定路径上锚点的使用密度，该值越大，绘制路径时产生的锚点密度越大。其取值范围是 0～100。

钢笔压力：在使用绘图板输入图像时，根据光笔的压力改变"宽度"值。

使用磁性自由钢笔工具在需要创建路径的颜色边界单击，然后拖拽鼠标沿着颜色边界移动即可创建路径（在颜色分界不明显或者转折较急处可以单击，确定这些地方为锚点），直至最后单击起点形成封闭路径，如图 7-39 所示。

图 7-38　设置磁性自由钢笔工具的参数

图 7-39　沿树叶边界绘制路径

7．锚点的添加与删除工具

为了精确地设置图形的路径轮廓，需要在已经建立的路径的适当位置上添加或删除锚点，此时可以使用工具箱中的添加或删除锚点工具，如图 7-40 所示。

也可以在使用钢笔工具时，在其属性栏中选中"自动添加/删除"复选框（见图 7-41），直接将钢笔工具移动到适当位置添加新锚点或删除已有锚点。

图 7-40　添加和删除锚点工具

图 7-41　自动添加/删除复选框

项目 7　创建路径和矢量图形

任务 2　制作中式红木家具海报

任务情境

红木家具作为我国传统家居文化的瑰宝，是古代先贤对自然、环保、健康的一种追求。在我国几千年的传统文化面前，木材的灵性和清香会让人心灵涤荡，学会谦卑，变得静心。本任务是制作一款红木家具海报。

任务分析

本任务详细介绍了抠取图片素材中红木座椅的完整过程。基本步骤是：使用磁性自由钢笔工具粗略绘制座椅轮廓路径，对座椅轮廓路径的复杂转折处进行细化处理，并对座椅内部间隙进行单独操作处理，最后使用抠取出的座椅绘制完整海报。

任务实施

1．磁性钢笔工具绘制路径

1）按 <Ctrl+O> 组合键，打开任务素材 7-2-1.jpg。

14 制作中式红木家具海报

2）选择 自由钢笔工具 P ，在其属性栏中选择"路径"类型、选中"磁性的"复选框。调整图片显示比例，使得图像中的座椅部分足够大且能完整显示。使用设置好的磁性自由钢笔工具沿着座椅外部轮廓绘制路径，如图 7-42 所示。

图 7-42　沿座椅外部轮廓绘制路径

2．对路径复杂转折处进行细化处理

1）对左边扶手上面部分路径进行调整。使用缩放工具充分放大左边扶手上面部分，使用直接选择工具单击路径以显示锚点。在适当位置添加锚点，特别是图 7-43 所示的红色矩形框中的转折处，然后精确调整各锚点的位置，使用直接选择工具直接拖拽锚点的两侧控制柄，使路径贴合家具边缘，如图 7-43 所示。

2）对左边扶手外侧部分路径进行调整。如图 7-44 所示，在红色方框中转折处添加锚点，并使用转换点工具将锚点类型转换成直线型，然后精确调整各锚点到每个转折点处（必要时可以使用键盘的方向键进行细微调节）。

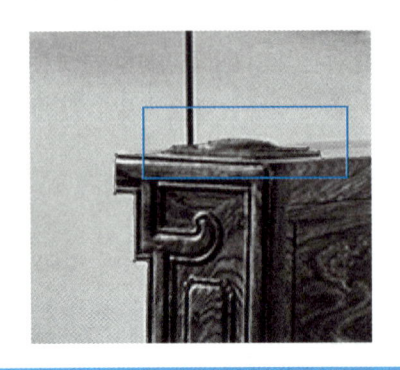

图 7-43　左边扶手上面部分的路径调整

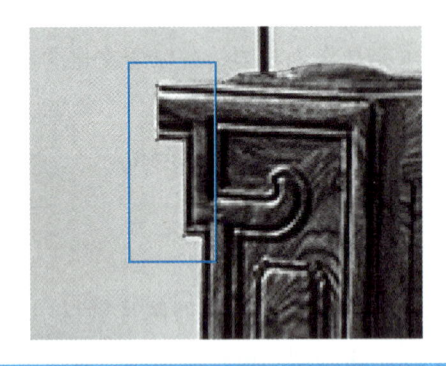

图 7-44　左边扶手外侧部分的路径调整

3）按照上述步骤中调整路径的方法，对剩余部分路径进行细致调整，如图 7-45 所示。需要特别注意在调整过程中，为了达到精确的效果，往往要对局部细节进行放大处理，但是对于部分模糊边界的区分则要恢复到实际像素才能做出比较准确的判断。

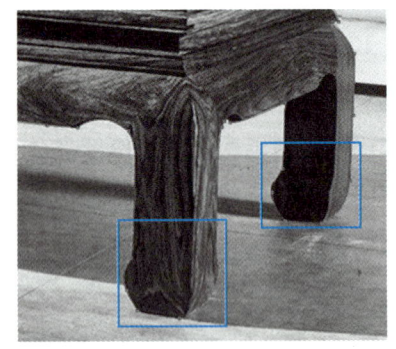

图 7-45　沙发两侧及脚部路径调整

4）路径处理结束后，切换到路径面板，单击面板底部的"将路径作为选区载入"按钮■。按 <Ctrl+J> 组合键，复制一个新图层"图层 1"，隐藏"背景"图层的可见性，如图 7-46 所示。

3．靠背内部间隙的处理

1）使用自由钢笔工具，在其属性栏中选择"路径"模式、选中"磁性的"复选框，在靠背空隙处绘制路径。适当放大该部位比例，使用前面步骤中介绍的方法细致调整路径，如图 7-47 所示。

图 7-46　复制一个新图层

2）按 <Ctrl+Enter> 组合键将当前工作路径载入选区。返回图层面板，按 <Delete> 键删除图层 1 中选区内容。按 <Ctrl+D> 组合键取消选区，如图 7-48 所示。用同样的方法处理右侧的空隙。

图 7-47　靠背左边空隙处路径的绘制

图 7-48　删除后的效果

3）将最终抠取的红木座椅保存为图片"红木家具 .png"，如图 7-49 所示。

4. 制作完整海报

1）新建文件，命名为"中式红木家具 .psd"，设置宽度为 3500 像素、高度为 5300 像素、分辨率为 150 像素/英寸、颜色模式为"RGB 颜色"。

2）将素材图片"梅花"置入工作区，调整梅花的大小和位置，如图 7-50 所示。

图 7-49　最终抠取效果

3）依次置入"竹子""群山""飞鹤""红木文字"等其他素材图片，调整素材的大小和位置，如图 7-51 所示。

图 7-50　置入"梅花"图片

图 7-51　置入其他素材图片

4）选择直排文字工具，输入中式实木家具的文字说明，设置字体为"微软雅黑"、大小为32点，并在每列文字左侧画一条竖线，将其设置为橙色。使用直排文字工具输入文字"红木文化传承"，设置字体为"微软雅黑"、大小为68点、白色。在文字下方绘制正圆，填充颜色9b1e23，如图7-52所示。

5）将抠取的"红木家具.png"图片置入工作区，调整其大小和位置。在"红木家具"图层下新建图层并命名为"椭圆"。选择椭圆工具，在座椅下绘制一个椭圆阴影，设置颜色为e3e2e2、图层的不透明度为60%。红木家具海报的最终整体效果如图7-53所示。本着精益求精、追求完美的精神，修改调整作品的细节，养成及时保存作品的良好习惯，按<Ctrl+S>组合键保存文件。

图7-52 添加文本内容

图7-53 红木家具海报的最终整体效果

项目 7　创建路径和矢量图形

> 知识加油站

1．转换点工具的使用

转换点工具主要用于转换锚点类型，可以使直线锚点和曲线锚点相互转换。在使用钢笔工具时，按 <Alt> 键，可以将钢笔工具临时切换为转换点工具。

（1）直线锚点转换成曲线锚点

1）使用钢笔工具，在属性栏中选择"路径"模式，在画布上连续单击 4 次（第 4 次要回到起始锚点处，以封闭路径），绘制一个三角形路径，如图 7-54 所示。

2）将钢笔工具切换成 转换点工具 ，分别单击并按照钢笔工具绘制路径的顺序方向拖拽各锚点，将每个直线锚点转换成曲线锚点，如图 7-55 所示。

3）删除相关历史记录，回到直线锚点状态。使用转换点工具，按照钢笔工具绘制路径顺序的相反方向拖拽各锚点，将每个直线锚点转换成曲线锚点，如图 7-56 所示。

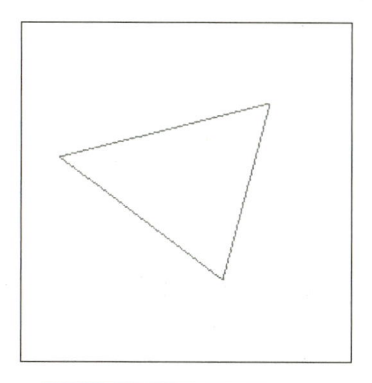

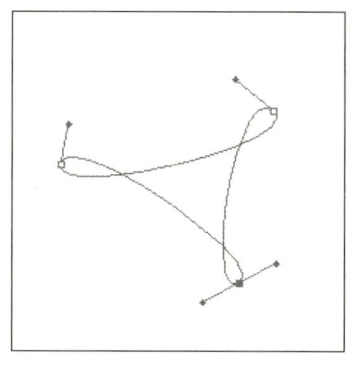

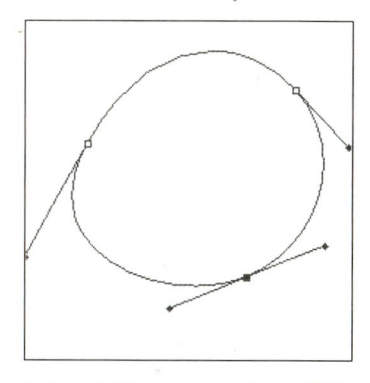

图 7-54　三角形路径　　　图 7-55　原方向拖拽锚点　　　图 7-56　反方向拖拽锚点

（2）曲线锚点转换成直线锚点

1）选择 椭圆工具 U ，在其属性栏中选择"路径"模式，在画布中绘制一个椭圆路径，如图 7-57 所示。

2）选择转换点工具，分别单击路径中的各个锚点（单击时不可拖拽鼠标），将曲线锚点转换成直线锚点，如图 7-58 所示。

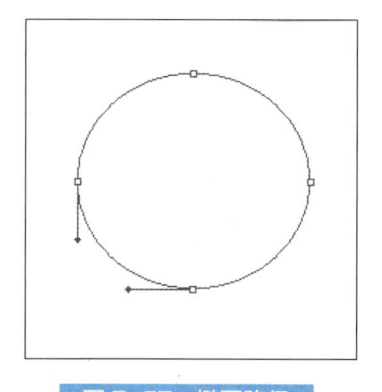

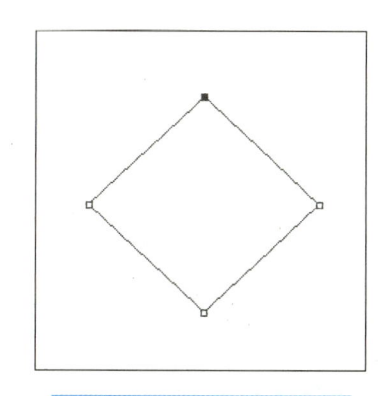

图 7-57　椭圆路径　　　图 7-58　转换后的效果

2. 转换点工具的其他用法

转换点工具除上述功能外，还能使平滑曲线锚点转换成尖角曲线锚点、全曲线锚点转换成半曲线锚点。

平滑曲线锚点是指来向方向线和去向方向线成 180°的平角锚点，来向方向线和去向方向线夹角为非平角的锚点为尖角锚点。

既有来向方向线又有去向方向线的锚点称为全曲线锚点，只有一条方向线的锚点称为半曲线锚点。

（1）将平滑曲线锚点转换成尖角曲线锚点

1）使用钢笔工具绘制具有 3 个锚点的一条曲线路径，如图 7-59 所示。

2）按 <Alt> 键，将钢笔工具切换成转换点工具，分别向上拖拽中间锚点的两根方向线的控制柄，即可使该平滑锚点转变成尖角锚点，如图 7-60 所示。

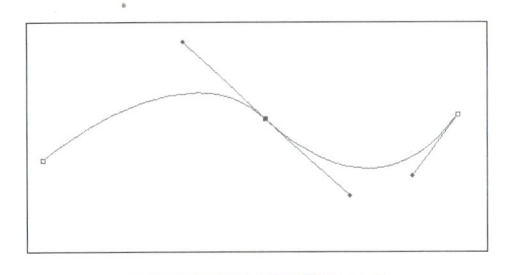

图 7-59　曲线路径

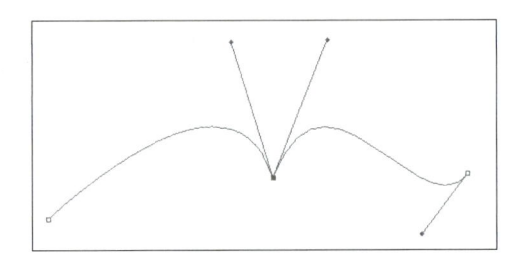

图 7-60　尖角锚点

（2）将全曲线锚点转换成半曲线锚点

1）使用钢笔工具由左至右连续两次单击拖拽绘制图 7-61 所示的路径。

2）按 <Alt> 键，将钢笔工具临时切换成转换点工具。单击刚绘制的第 2 个锚点，这样就删除了该锚点的去向方向线，将该锚点由全曲线锚点转换成半曲线锚点。然后松开 <Alt> 键恢复成钢笔工具，再次数次单击就能绘制直线与曲线相连接的图形，如图 7-62 所示。

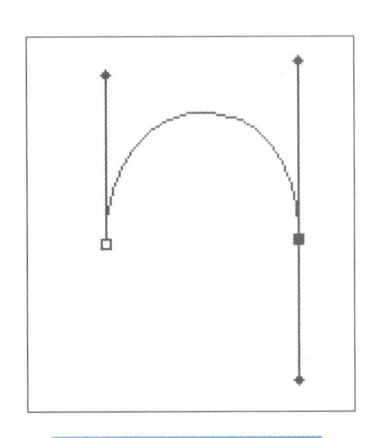

图 7-61　全曲线锚点

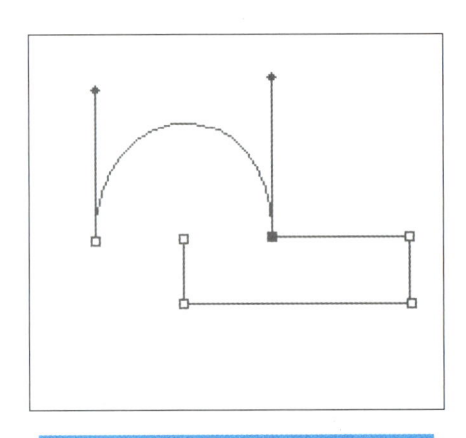

图 7-62　直线与曲线路径相连接

项目拓展

一、填空题

1．按 <_____> 键的同时，单击路径面板中的工作路径即可将路径载入选区。

2．使用钢笔工具绘制非封闭路径时，按 <_____> 键的同时在路径之外单击，能够结束当前路径的绘制。

3．在使用钢笔工具绘制路径的过程中，按住 <_____> 键可以将钢笔工具临时切换成直接选择工具，按住 <_____> 键可将钢笔工具临时切换成转换点工具。

二、拓展训练

中国文物"晋侯鸟尊"

"晋侯鸟尊"是山西博物馆的镇馆之宝，因为其高超的艺术美和极高的历史价值，不仅登上了晋博院徽，还是禁止出国的文物。

晋侯鸟尊具有动人的艺术美。它通高 39 厘米、长 30.5 厘米，整体是一只凤鸟回眸的形象。凤是吉祥的神鸟，周代有"凤鸣岐山"的传说，说岐山有凤凰栖息鸣叫，大家认为凤凰是由于周文王的德政而来，是周将要兴盛的吉兆。凤鸟头顶高冠，回眸望向背上的小鸟，仪态端庄，盼顾自若。

它还具有重要的历史价值。鸟尊背上的小鸟是一个抓手，拿起器盖，盖内和鸟尊腹底刻着相同的九字铭文"晋侯作向太室宝尊彝"，意思是晋侯作这件宝器，在宗庙祭祀祖先。它的出土墓葬，正是第一代晋侯燮父的墓葬，可以说，鸟尊见证了晋国 600 年的兴衰。

任务要求　制作一幅中国文物"晋侯鸟尊"的海报。

任务提示

1．使用磁性自由钢笔工具抠取图素材图片中的"晋侯鸟尊"。

2．给抠取出的晋侯鸟尊调整颜色，添加背景、装饰图案和文字，制作海报，效果如图 7-63 所示。

图 7-63　"晋侯鸟尊"海报

项目 8
使用通道和蒙版

项目概述

"通道"和"蒙版"是 Photoshop 中两个不可缺少的处理图像的利器。通道用来保存图像的颜色数据,就如同图层用来保存图像一样,此外,通道还可以用来保存遮罩;而蒙版则是用来保护图像中需要保留的部分的,使其不受任何编辑操作的影响。本项目将通过任务对这两个工具进行详细的介绍。

职业能力目标

知识目标
- 掌握通道的概念、了解通道的类型。
- 掌握通道的基本操作方法。
- 掌握快速蒙版的使用方法。

能力目标
- 熟练掌握通道和蒙版的使用方法和应用技巧。
- 学会综合运用通道和蒙版的特点制作出各种奇妙的图像变化效果。

素养目标
- 养成脚踏实地、认真负责的工作作风。
- 弘扬精益求精、追求卓越的工匠精神。
- 践行服从纪律、团结协作的职业精神。

任务 1　人物面部美容

任务情境

艺术照上的人都光彩照人，但是实际生活中的他们如果没化妆，也是朴素无华的。是什么让他们在照片上显得神采奕奕？答案就是 Photoshop。在 Photoshop 中，只要几步简单操作，就能使照片中人物的皮肤重新恢复到婴儿般的细腻。本任务要介绍的就是众多影楼、工作室人像修片时最常用的手法——磨皮。

任务分析

在处理人物面部特写过程中，基本的操作原理就是利用色阶、污点修复画笔工具、"高斯模糊"滤镜等功能，对人物面部的瑕疵进行平滑处理，结合蒙版功能将面部的细节图像显示出来，如眼睛、鼻子及眉毛等，这样就可以在模糊瑕疵的同时保留面部应有的细节。另外，为了使整个照片的效果更好，还对面部的轮廓及整体色彩进行细致的调整。

任务实施

1．修复脸部的瑕疵

15　人物面部美容

1）打开项目八素材文件夹中的 8-1-1.jpg 图片，按 <Ctrl+L> 组合键执行"色阶"命令，在弹出的"色阶"对话框中按图 8-1 所示进行设置。单击"确定"按钮退出对话框，得到图 8-2 所示的效果。

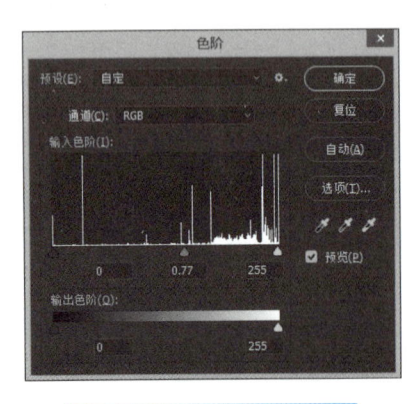

图 8-1　"色阶"对话框　　　　图 8-2　调整色阶后的效果

2）按 <Ctrl+M> 组合键执行"曲线"命令，在弹出的"曲线"对话框中分别设置绿通道、RGB 通道、蓝通道，如图 8-3～图 8-5 所示。单击"确定"按钮退出对话框，得到图 8-6 所示的效果。

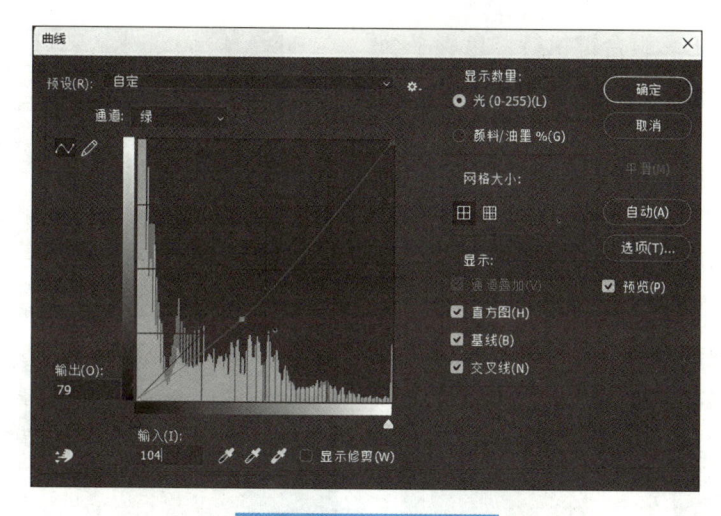

图 8-3 设置绿通道

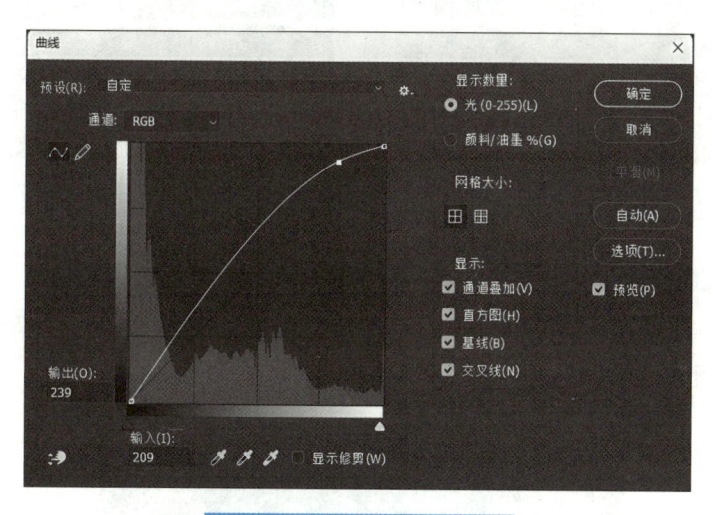

图 8-4 设置 RGB 通道

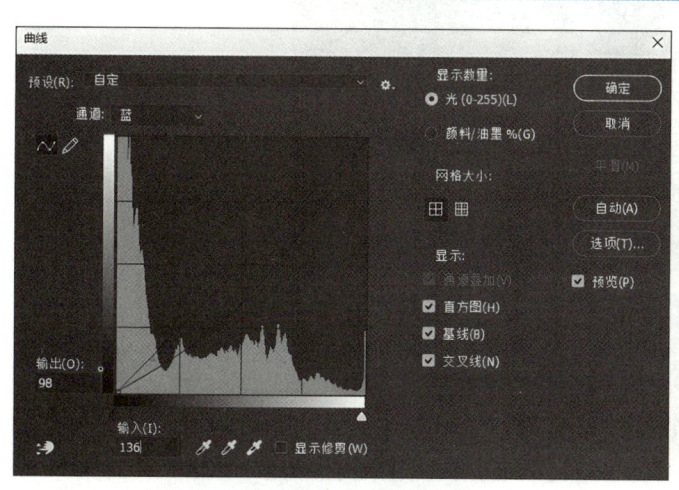

图 8-5 设置蓝通道

图 8-6 调整曲线后的效果

3）按<Ctrl+B>组合键执行"色彩平衡"命令，在弹出的对话框中按图 8-7 所示进行设置。单击"确定"按钮退出对话框，得到图 8-8 所示的效果。

4）使用污点修复画笔工具把人物面部上的雀斑、粉刺等瑕疵修除，效果如图 8-9 所示。

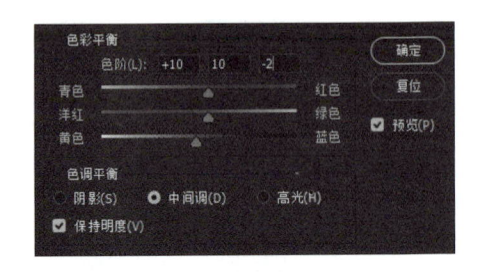

图 8-7 "色彩平衡"对话框

图 8-8 调整色彩平衡后的效果

图 8-9 使用污点修复画笔修复后的效果

2．柔滑面部的肌肤

1）按<Ctrl+J>组合键复制背景图层，选择"滤镜"/"模糊"/"高斯模糊"命令，在弹出的对话框中设置"半径"为 4.5，效果如图 8-10 所示。

图 8-10 应用高斯模糊后的效果

2）单击"图层"面板底部的"添加图层"按钮，为图层 1 添加蒙版，设置前景色为黑色。选择画笔工具，在其属性栏中设置不透明度为 70%、流量为 30%。使用合适的笔头大小在图层蒙版中进行涂抹，把眼睛、眉毛、嘴、头发、耳朵及衣服图像隐藏起来，直到得到图 8-11 所示的效果，此时蒙版的状态如图 8-12 所示。

图 8-11 添加图层蒙版并涂抹

图 8-12 蒙版的状态

3）按<Ctrl+J>组合键执行"复制图层"命令，设置图层1副本的混合模式为"滤色"不透明度为20%，得到图8-13所示的效果。

4）单击"图层"面板底部的"创建新的填充图层"按钮，或执行图层的"曲线"命令，在弹出的面板中设置曲线如图8-14所示。设置该图层的不透明度为70%，得到最终效果如图8-15所示。修改调整作品的细节，养成及时保存作品的良好习惯，按<Ctrl+S>组合键保存文件，命名为"人物面部美容.psd"。

图 8-13 设置图层混合模式后的效果

图 8-14 设置曲线

图 8-15 "人物面部美容"的最终效果

> **知识加油站**

蒙版的使用

蒙版就是蒙在图像上、用来保护图像选定区域的一层"版"。当要改变图像某个区域的颜色或对该区域应用滤镜或其他效果时,蒙版可以保护和隔离图像中不需要编辑的区域,只对未蒙区域进行编辑。当选中某个图像的部分区域时,未选中的区域将"被蒙版"或被隔离而不被编辑。

在通道面板中存储的 Alpha 通道就是所谓的蒙版。Alpha 通道可以转换为选区,因此可以用绘图和编辑等工具编辑蒙版。蒙版是一项高级的选区技术,它除了具有存放选区的遮罩效果外,其主要功能是可以更方便、更精细地修改遮罩范围。

利用蒙版可以很清楚地划分出可编辑(白色范围)与不可编辑(黑色范围)的图像区域。在蒙版中,除了白色和黑色范围外,还有灰色范围。当蒙版含有灰色范围时,表示可以编辑出半透明的效果。

在 Photoshop 中,主要包括通道蒙版、快速蒙版和图层蒙版三种类型的蒙版。其中,图层蒙版又包括普通图层蒙版、调整图层蒙版和填充图层蒙版。

任务2　抠出繁密的树枝

任务情境

在图像处理中,抠图是必须掌握的技能,巧妙借助各种工具,快速、准确地抠出需要的图像。通道抠图一直深受专业人士的喜爱,通道抠图方法能简单、快速地完成对细节复杂图像的提取,省时省力,适应繁重的、大批量的抠图工作。

任务分析

本任务使用的抠图技术相对复杂,在后期修图中,对树枝等边缘非常复杂的物体,利用通道抠图技术把物体抠取出来并应用到客户喜欢的背景上。相对于主题画布来说,这样做可以在更大程度上满足客户的不同需求。本任务具有一定的挑战性。

任务实施

1. 创建通道与蒙版

16 抠出繁密的树枝

1)打开项目八素材文件夹中的 8-2-1.jpg 图片,按 <Ctrl+J> 组合键执行"复制图层"命令,复制得到"背景副本"图层。

项目 8　使用通道和蒙版

> **提示**　对于复杂的树枝，应用一般的创建选区的工具无法达到满意的效果，下面利用"计算"来解决这个问题。

2）选择"图像"/"调整"/"亮度/对比度"命令，设置亮度为 80、对比度为 55。切换到"通道"面板，选择"图像/计算"命令，在弹出对话框中按图 8-16 所示进行设置。单击"确定"按钮，得到"Alpha 1"通道。

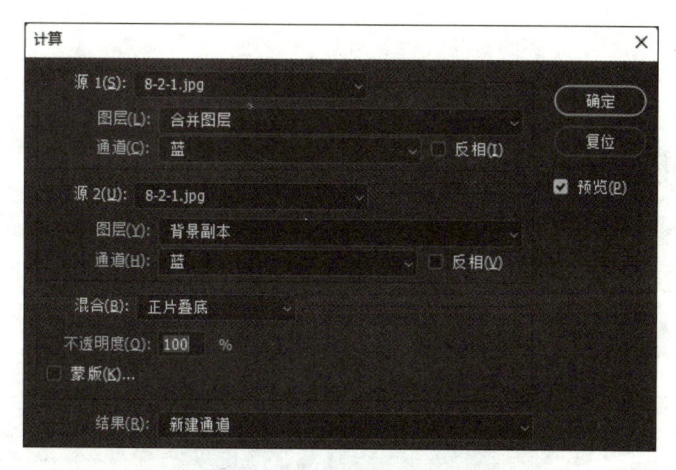

图 8-16　"计算"对话框

> **提示**　"计算"命令可以来自一个或两个图像的通道，然后将结果应用到新图像、新通道或现有图像的选区。此命令为用户创建多样化复杂的通道提供了便利。

3）按<Ctrl+A>组合键执行"全选"命令，再按<Ctrl+C>组合键执行"复制"操作。切换回"图层"面板，选择"背景副本"图层，单击"图层"面板底部的"添加蒙版"按钮。按<Alt>键单击"背景副本"图层蒙版缩览图以显示蒙版状态。按<Ctrl+V>组合键执行"粘贴"操作，按<Ctrl+D>组合键取消选区，此时蒙版状态如图 8-17 所示。

图 8-17　蒙版状态

> **提示**　图层蒙版中的黑色区域部分可以使图像对应的区域被隐藏，显示底层图像，白色区域部分可使图像对应的区域被显示。

4）按<Ctrl+I>组合键执行"反相"命令以反相蒙版状态，按<Ctrl+L>组合键执行"色阶"命令，在弹出的对话框中设置中间调输入色阶为 0.48、高光输入色阶为 217，效果如图 8-18 所示。

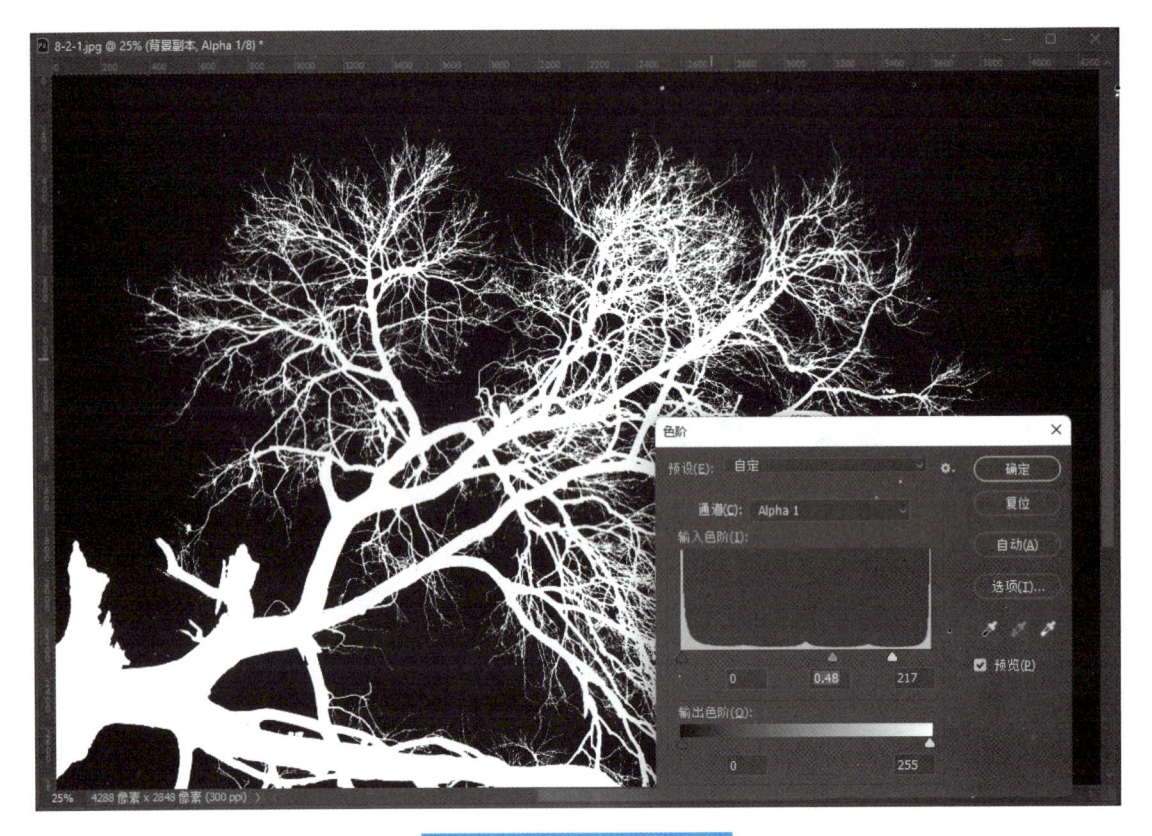

图 8-18 "色阶"对话框

5）设置前景色为黑色，选择加深工具，在其属性栏中设置适当的画笔大小（柔角），在蒙版中树枝以外的白色区域和细树枝附近涂抹，直至得到图 8-19 所示的效果。

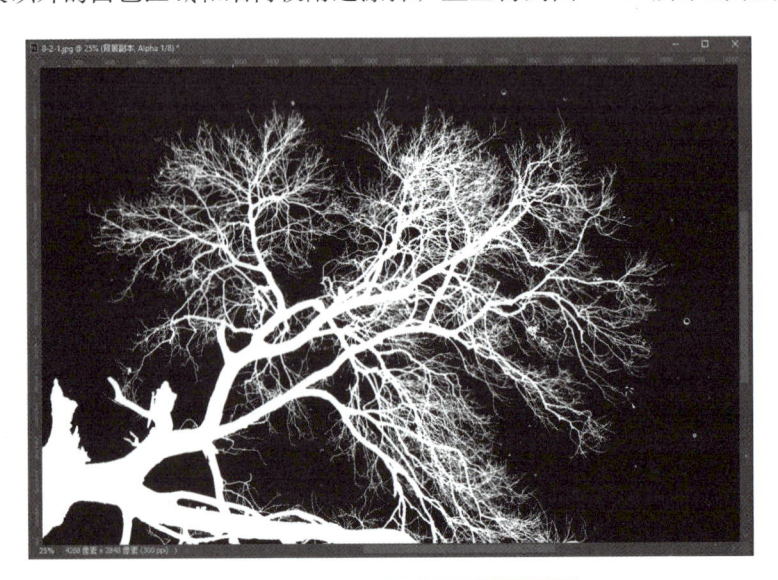

图 8-19 用画笔涂抹后的效果

2．添加背景

1）单击"背景副本"图层以显示图像状态，置入项目八素材文件夹中的"素材 8.2.jpg"图片。调整其图层顺序至"背景"图层之上，并调整其大小，效果如图 8-20 所示。

2）设置"背景副本"的图层混合模式为"正片叠底"并调整其大小。使用画笔工具，设置前景色为黑色，在蒙版上擦除树枝超出月球的部分，得到的最终效果如图 8-21 所示。本着精益求精、追求完美的精神，修改调整作品的细节，养成及时保存作品的良好习惯，按 <Ctrl+S> 组合键保存文件，命名为"抠出繁密的树枝 .psd"。

图 8-20　置入素材效果

图 8-21　"抠出繁密的树枝"的最终效果

知识加油站

1．通道的基本操作

在使用通道进行图像编辑时，熟练地掌握通道的操作很重要。在对通道的编辑时主要有新建通道、删除通道等操作，下面就来详细介绍这些通道编辑操作。

（1）新建通道

Alpha 通道在 Photoshop 中具有独特的作用，利用 Alpha 通道可以制作出许多独特的效果。在进行图像的编辑时，单独创建的新通道都称为 Alpha 通道。单击通道面板右上角的列表按钮，在展开的列表中选择"新建通道"命令，即可快速建立一个 Alpha 通道，新建立的通道的默认色为黑色。

（2）复制和删除通道

当保存了选区范围后，想对这个选区范围进行编辑时，一般要先复制该通道的内容再进行编辑，这样可以看出原通道和编辑后的通道的对比。

1）复制通道：右击通道，在弹出的快捷菜单中选择"复制通道"命令，弹出"复制通道"对话框，如图 8-22 所示。可以在

图 8-22　"复制通道"对话框

此对话框中设置通道名称、要复制此通道的目标图像文件。目标文档若选择"新建",则表示要复制到一个新建立的文件中。若选中"反相"复选框,复制后的通道颜色即会以反色显示。设置完成单击"确定"按钮即可完成通道的复制操作。

双击 Alpha 通道,会弹出"通道选项"对话框,可以在其中设置通道的各项参数,如图 8-23 所示。

"名称"文本框:默认名为 Alpha1、Alpha2……,也可以自己输入名称。

"色彩指示"选项区:可以设定通道中的颜色显示方式。其中包括:"被蒙版区域",选中此单选按钮,新建的 Alpha 通道中有颜色的区域代表蒙版区,没有颜色的区域代表非蒙版区;"所选区域",该项和"被蒙版区域"项恰好相反,选中该单选按钮后,新建的 Alpha 通道中没有颜色的区域代表蒙版区,有颜色的区域代表非蒙版区;"专色"通道使用一种特殊的混合油墨,替代或附加到图像颜色油墨中。因为每个专色通道都有一个属于自己的印版,所以当一个包含有专色通道的图像进行输出时,这个"专色"通道会成为一张单独的页被打印出来。

图 8-23 "通道选项"对话框

"颜色"块:单击可打开颜色拾取器,选取通道颜色,默认颜色为半透明的红色。

"不透明度"数值框:可以在此输入数值设定蒙版的不透明度值,设定不透明度的目的在于使用户能够较准确地选择区域。

2)删除通道:在通道上右击,在弹出的快捷菜单中选择"删除通道"命令即可。

(3)分离与合并通道

在对通道进行编辑操作时,通常要将各个通道分离,然后分别对各个通道进行编辑,编辑完成后再把各个通道按照一种颜色模式进行合并。下面介绍分离和合并通道的操作。

1)分离通道:使用"通道"面板菜单中的"分离"命令即可将一个图像中的各个通道分离开来,成为几个单独的通道。在执行这个命令后,每个通道都会从图像中分离出来,同时关闭原图像文件,而且分离后的图像都将以单独的窗口显示在屏幕上,这些图像都是灰度图。图 8-24 所示为一个未分离的 RGB 通道及分离后的三个颜色通道图像。

a)未分离的 RGB 图像　　　　　　　　b)分离后的 R 通道图像

图 8-24 分离后的 RGB 通道

c）分离后的 G 通道图像 　　　　　　　　　d）分离后的 B 通道图像

图 8-24　分离后的 RGB 通道（续）

2）合并通道：分离后的通道经过编辑后要进行通道的合并，这样，分离出来的图像又可以重新合并成一个图像。合并图像时只需执行"通道"面板菜单中的"合并通道"命令。当执行该命令后会出现图 8-25 所示的"合并通道"对话框，在该对话框中可以重新设置各种色彩模式，该项的设置要符合模式的实际情况，比如，RGB 图像设定通道数为 3、CMYK 图像设定通道数为 4 等。设定完这些参数后单击"确定"按钮又会出现一个对话框，如图 8-26 所示，在此对话框中，要为刚才设置的模式选择需要的各个通道，各个通道原色的选择将直接关系到合并后图像的效果。注意：各个通道的原色不能相同。选择完后单击"确定"按钮即可完成通道合并操作。

图 8-25　"合并通道"对话框 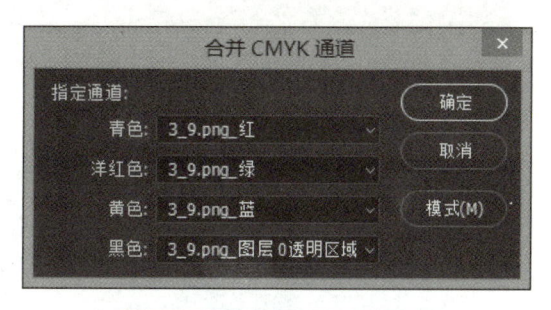　　　　　　图 8-26　指定各通道原色

注意： 在合并通道时，各源文件的分辨率和尺寸必须一样，否则不能进行合并。

2．通道蒙版的使用

通道蒙版是将选区转换为 Alpha 通道后形成的蒙版。在通道面板中选中目标 Alpha 通道后，图像中除了选区外均以黑色显示（被蒙区域）。

1）使用魔棒工具，在图像中建立选区，然后单击通道面板中的新建按钮，将该选区存储为 Alpha 通道（也就是蒙版），如图 8-27 所示。

2)单击通道面板中的 Alpha1 通道,在图像中可以看到黑白分明的未蒙和被蒙区域,如图 8-28 所示。

图 8-27　在图像中建立选区

图 8-28　通道蒙版

3)选择"选择"/"反选"命令,反选选区,对蒙版进行编辑,如图 8-29 所示。

4)选择"滤镜"/"模糊"/"高斯模糊"命令,打开"高斯模糊"对话框,将半径选项设置为 20 像素,如图 8-30 所示。(在此模式下还可以再次编辑蒙版。)

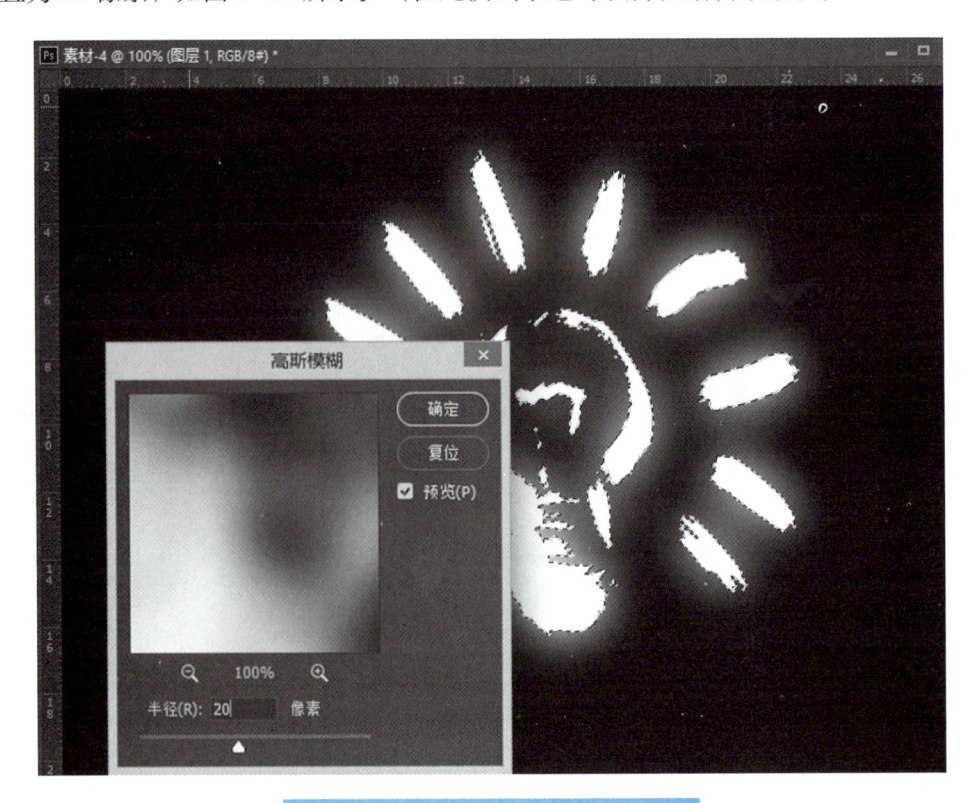

图 8-29　对蒙版进行编辑后的效果

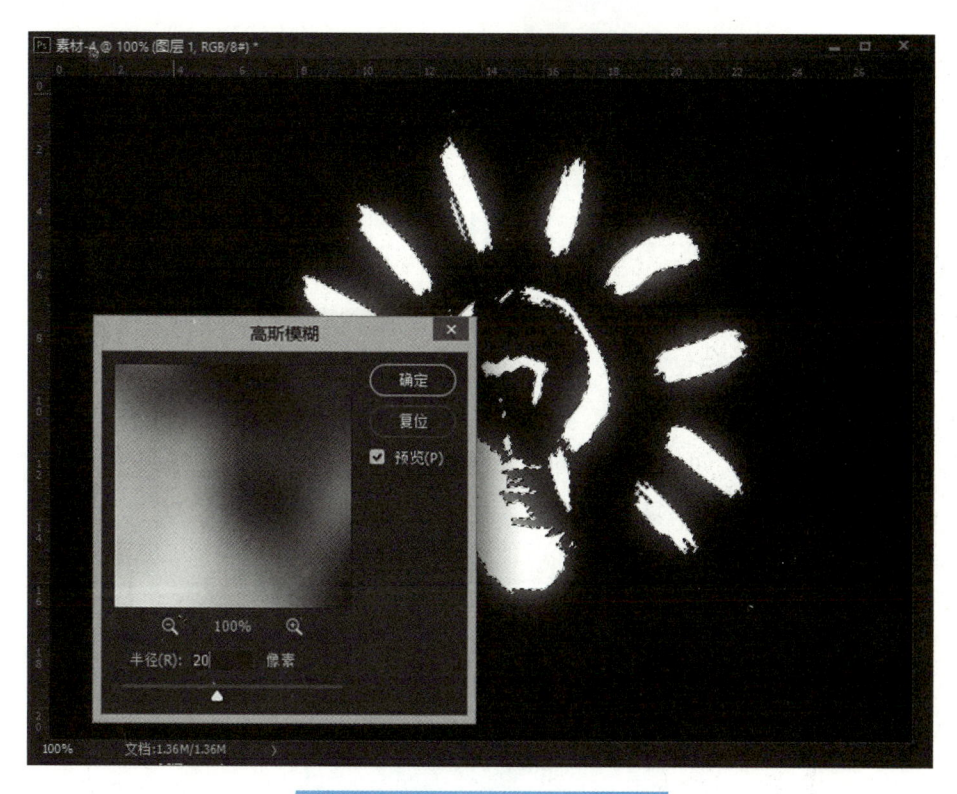

图 8-30 再次编辑蒙版的效果

5）切换到 RGB 通道，按 <Ctrl> 键的同时单击 Alpha1 通道调出该通道选区，按 <Delete> 键将选区外的图像删除，按 <Ctrl+D> 组合键取消选区，最终效果如图 8-31 所示。

图 8-31 最终效果

> **提示** 蒙版与选区的原理是相同的,只不过蒙版可以被当成图形来编辑,例如,蒙版可以用画笔工具、橡皮擦工具等进行编辑,或用图像调整功能做一些特殊的处理。

项目拓展

一、单选题

1. (　　)格式的文件包含红、绿、蓝三个颜色通道。
   A. CMYK　　　B. RGB　　　　C. Lab　　　　　D. 灰度
2. 采用(　　)命令可以把图像的每个通道分别拆分为独立的图像文件。
   A. 合并通道　B. 复制通道　　C. 分离通道　　D. 新建通道
3. 通道选项命令用于设定(　　)。
   A. Alpha 通道　B. 专色通道　C. 复合通道　　D. 专用通道
4. 采用(　　)命令可以计算处理通道内的图像,使图像混合产生特殊效果。
   A. 计算　　　B. 裁切　　　　C. 修整　　　　D. 应用图像
5. (　　)命令主要用于合成单个通道的内容。
   A. 应用图像　B. 计算　　　　C. 裁切　　　　D. 裁剪

二、多选题

1. CMYK 格式的文件包含(　　)颜色通道。
   A. 青色　　　B. 洋红色　　　C. 黄色　　　　D. 黑色
2. 双击 Alpha 通道弹出"通道选项"对话框中,其中(　　)。
   A. "名称"用于设定当前通道的名称
   B. "色彩指示"选项区用于选择两种区域方式
   C. "不透明度"用于设定当前通道的不透明度
   D. "颜色"用于设定新通道的颜色
3. 在"应用图像"对话框中,(　　)。
   A. "反相"用于在处理前先反转通道内的内容
   B. "不透明度"用于设定图像的不透明度
   C. "蒙版"用于加入蒙版以限定选区
   D. "反向"用于在处理前先反转通道内的内容

三、判断题

1. 在"通道"面板中,不能存储选区。　　　　　　　　　　　　　　　　(　　)
2. "复制通道"命令用于对现有的通道进行复制,产生相同属性的多个通道。(　　)

项目 8　使用通道和蒙版

四、拓展训练

世界森林日

世界森林日是一个旨在提高全球公众对森林重要性和可持续发展认识的国际性节日。每年的 3 月 21 日，世界各地都会举办各种活动，强调森林对地球生态平衡、气候调节、生物多样性保护及人类福祉等方面的巨大贡献。

爱护树木是每个人的责任。树木为我们提供氧气、净化空气，还为大地增添绿意。应该珍惜每一棵树，不乱砍滥伐，积极参与植树造林，让绿色成为生活的主旋律。一起携手努力，为地球增添更多绿色，共同守护美好家园。

任务要求　利用图 8-32 和图 8-33 所示的素材图片，制作爱护树木海报，海报最终完成效果如图 8-34 所示。

图 8-32　练习素材 1

图 8-33　练习素材 2

图 8-34　最终完成效果

任务提示　运用本项目学习的抠图技巧，使用通道和蒙版技术抠取"练习素材 1"的树木，并将其移至"练习素材 2"中，再添加文字即可。

项目 9
海报设计

项目概述

　　Photoshop 是人们设计海报时主要使用的软件之一。其强大的图形处理功能完全能够满足平面海报设计的要求。海报的设计过程主要有确定海报主题、选择海报形象、构思海报内容、编辑海报文案、添加衬托要素等几个方面。海报的内容是至关重要的，要引起受众注意应该做到创意新颖、针对性强、主题突出。

　　设计与制作海报时，要注意做好文字元素与图片、色调等非文字元素的有机结合，特别要注意正确处理好何处突出文字元素、何处突出非文字元素、以强大的视觉冲击吸引受众的注意力。

职业能力目标

知识目标
- 了解海报的设计过程。
- 根据实际要求独立构思海报内容。

能力目标
- 能熟练处理海报中所使用的图片、文字等元素。
- 能模仿所学内容独立完成海报的设计与制作。

素养目标
- 通过制作海报培养学生精益求精的品质。
- 通过构思创作海报培养学生热爱劳动的美好品质。

任务 1　设计工匠精神宣传海报

任务情境

"工匠精神"作为一种优秀的职业道德文化，它的传承和发展契合了时代发展的需要，具有重要的时代价值与广泛的社会意义。它追求精益求精，注重细节，追求完美和极致，做事严谨，一丝不苟。学校需要一份宣传"工匠精神"的海报，李明接受了这个任务，他该如何完成呢？

任务分析

这份海报的素材范围很广，要引起人们的注意，需要从主题词、内容及色彩等方面着手。李明认为，"工匠精神"既是我国的传统文化的传承，也是现代技能型人才所需要秉持的职业信仰。于是，他决定用水墨山水、古建筑等素材来表现"工匠精神"的历史悠长，同时选择不同的工匠形象来体现主题。主题词确定为"大国工匠"，画面色调以灰色为主，外加艺术字效果，渲染如画意境。

任务实施

1. 制作背景

1）运行 Photoshop，新建一个 PSD 文档并命名为"工匠精神"，设置宽度为 800 像素、高度为 1200 像素、分辨率为 300 像素 / 英寸。

2）置入素材文件"工匠 .jpg"，右击"工匠"图层选择"栅格化图层"命令。使用"快速选择工具"配合使用"添加到选区"和"从选区减去"属性按钮，对"人物"之外的区域进行选择。按 <Delete> 键删除所选区域，再按 <Ctrl+D> 组合键取消选区。使用移动工具拖动人物到画布的右下角，效果如图 9-1 所示。

3）置入素材文件"建筑"，按 <Ctrl+T> 组合键进入自由变换模式，右击素材图片，选择"水平翻转"命令，按 <Enter> 键退出自由变换模式，移动素材至画布的右上角。置入素材"泼墨"和"山水"，调整大小并分别置于画布右下角和中间。将"泼墨"和"山水"两个图层都置于"工匠"图层的下面，效果如图 9-2 所示。

4）选中"背景"图层，选择"滤镜"/"杂色"/"添加杂色"命令，设置数量为 4%。

5）按住 <Shift> 键选中"建筑""工匠""山水""泼墨"四个连续图层，按 <Ctrl+G> 组合键建立图层组，并命名为"背景"。

图 9-1　抠出工匠部分

图 9-2　添加素材

2．文案处理

1）安装素材中"字体"文件夹中的三种字体。

2）使用横排文字工具分四个图层在"建筑"图片的左侧输入"工""匠""精""神",字体设为"汉仪程行简"、大小为 43 点,字体颜色设为（R65,G33,B18）。使用移动工具将字体错落排放,"工匠"和"精神"中间置入素材"水墨",排列效果如图 9-3 所示。

3）为使文字更有层次感,在图层面板中选中"工"字图层,单击面板下方的"添加图层蒙版"按钮,给此图层添加蒙版。将前景色设置为黑色,选择画笔工具,"大小"设置 100 点,"不透明度"和"流量"都设置成 50%,擦除"工"字呈半透明状态,如图 9-4 所示。

4）置入"人物"素材,按 <Ctrl+T> 组合键变换图片大小与"水墨"图片一致,将"人物"图层置于"水墨"图层的上方。选中"人物"图层,右击,选择"创建剪贴蒙版"命令,调整"人物"大小,使人物显现在水墨中,效果如图 9-5 所示。将"工""匠""精""神""水墨""人物"6 个图层建立图层组并命名为"工匠精神",打开背景图层组,选中"工匠精神"图层组按 <Ctrl+T> 组合键变换图层置于画面左上角。

图 9-3　"工匠精神"文字排列

图 9-4　"工"字半透明效果

图 9-5　在水墨中显现人物

5）使用横排文字工具分四个图层输入"大""国""工""匠",字体选择"汉仪迪升英雄体",字体大小分别设置为 72 点、60 点、70 点、55 点。使用移动工具将文字错落排列,效果如图 9-6 所示。

6）将四个文字图层建立成图层组并命名为"大国工匠",置入素材图片"手工匠人",置于大国工匠文字上方,调整图片大小,使图片能覆盖住文字。在图层面板中选中"手工匠人"图层,右击,选择"创建剪贴蒙版"命令。选中"手工匠人"图层,移动至合适位置,效果如图 9-7 所示。

图 9-6 "大国工匠"文字排列

图 9-7 主体文字修饰

7) 选择文字工具在画布的左下角输入"传承国粹""大国工匠""工匠精神""实干兴邦"四行文字,设置字体为宋体、大小为 5 点、字体颜色为(R:65, G:33, B:18),选中 4 个文字图层设置水平居中对齐和垂直居中分布,将 4 个图层建立图层组并命名为"传承国粹",移动至合适位置,效果如图 9-8 所示。

8) 选择竖排文字工具,在画布中间输入文字"厚德至诚,精工至善,创新致远,实干争先""精工铸就品牌,匠心铸就精彩",设置字体为楷体、大小为 4 点、字体颜色为(R:65, G:33, B:18),选择"顶端对齐",两个图层的透明度都设置为 76%,将这两个图层建立图层组"厚德至诚"。在画布右侧中间空白处输入"匠人匠心,精益求精",设置字体为"隶书"、大小为 4 点、颜色同上、"加粗"显示,将图层的不透明度设为 85%。文案修饰效果如图 9-9 所示。

图 9-8 输入文字效果

图 9-9 文案修饰效果

项目 9　海报设计

3．添加修饰效果

制作一个仿古印章，既可点明宣传主题，又能作为修饰。

1）关闭其他图层。选择圆角矩形工具，设置其圆角半径为30px、描边颜色为"红色"、无颜色填充、描边宽度为18像素，在画面中间的左侧绘制一圆角矩形。

2）选中"圆角矩形"图层，右击，在弹出的快捷菜单中选择"栅格化图层"命令。

3）选择"滤镜"/"像素化"/"点状化"命令，在"点状化"对话框中设置"单元格大小"为30，单击"确定"按钮，如图9-10所示。

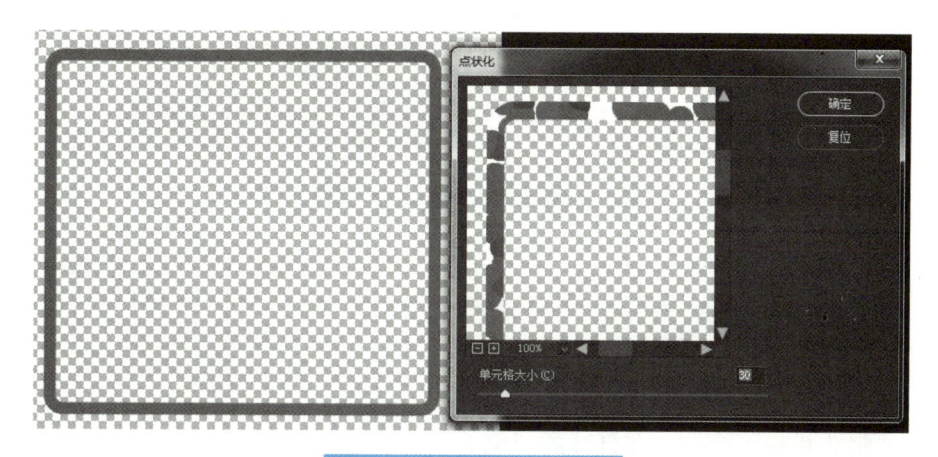

图9-10　设置圆角方框

4）选择"选择"菜单/"色彩范围"命令，分别用取样矩形框中的白色区域和深红色区域调整容差并删除，如图9-11和图9-12所示。

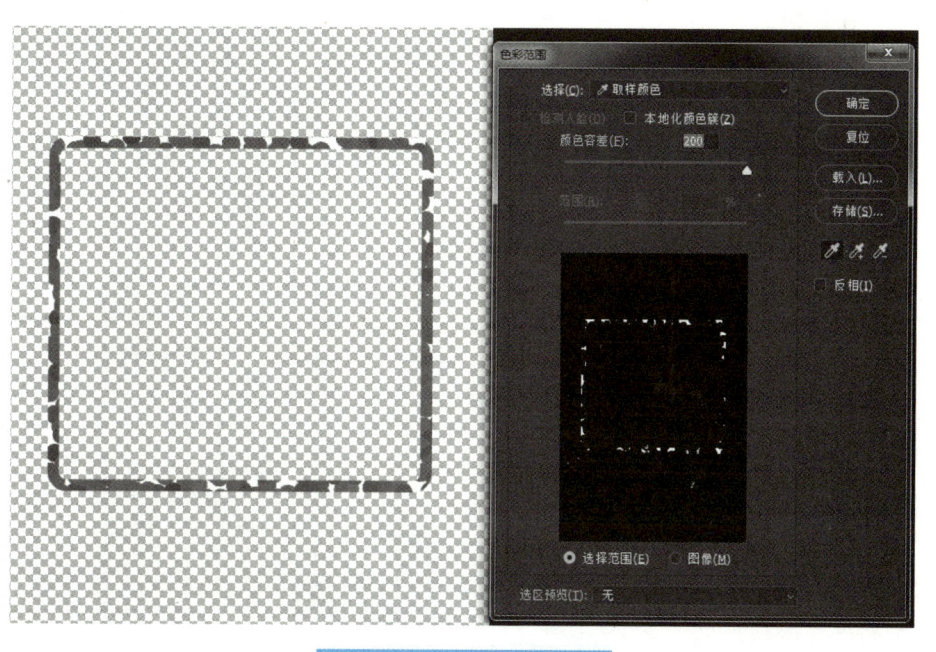

图9-11　白色容差设置

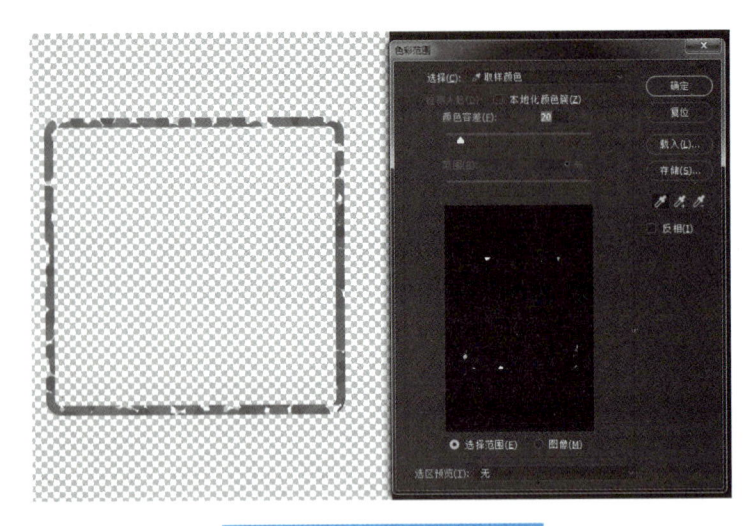

图 9-12　深红色容差设置

5）再使用橡皮擦工具对圆角方框进行擦除，模拟印章的断续效果，如图 9-13 所示。

6）为了使效果更加逼真，可选择"滤镜"菜单/"模糊"/"镜头模糊"命令，在打开的"镜头模糊"对话框中设置"光圈半径"为 9，其他值为 0，单击"确定"按钮，如图 9-14 所示。

图 9-13　印章边框的模拟效果图

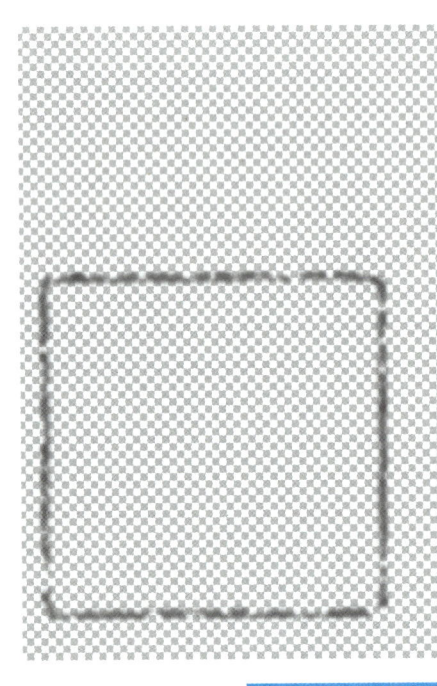

图 9-14　镜头模糊设置

项目9　海报设计

7）复制此图层，按<Ctrl+T>组合键进入自由变换状态，缩小此图，紧贴外方框，如图9-15所示。

8）再使用横排文字工具，设置排列方式为"竖排"，输入文字"精益求精"，调整文字的位置，设置大小为45点、字体为"隶书"、加粗、行距为24点、颜色为红色，如图9-16所示。

图9-15　复制图层

图9-16　"字符"面板

9）在"图层"面板中右击此图层，在快捷菜单中选择"栅格化文字"命令。

10）参照步骤3）～步骤6），设置印章字效果。点状化时，"单元格大小"设置为9。删除点状化后颜色变深的区域。镜头模糊时，"光圈半径"设置为6。印章效果如图9-17所示。

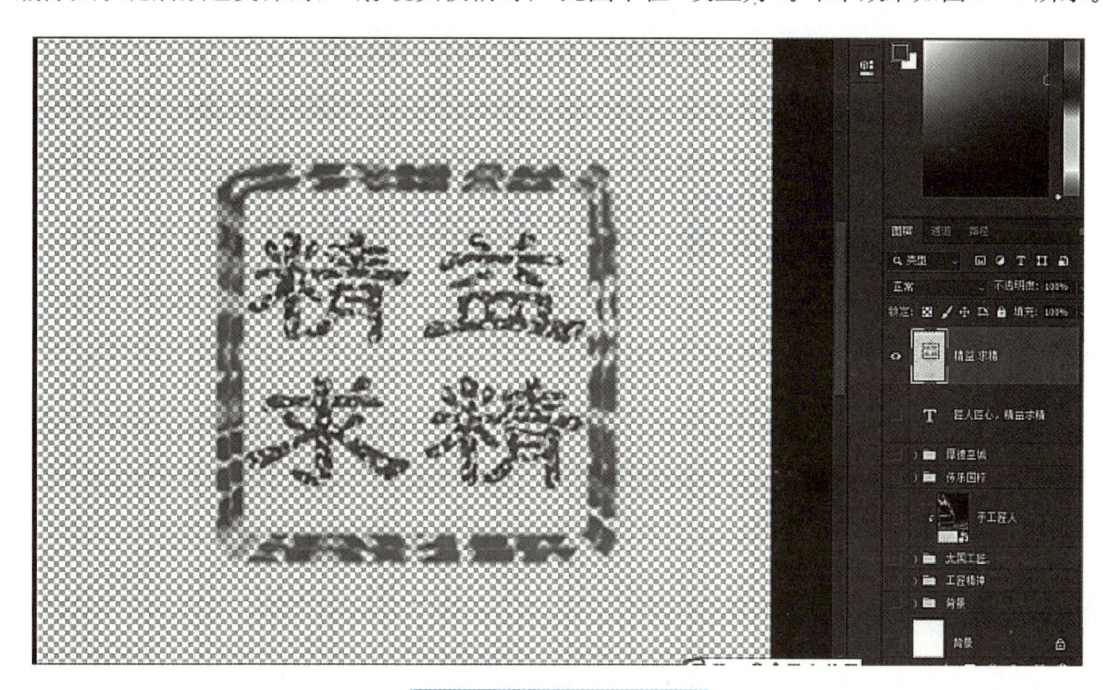

图9-17　处理好的印章

11）选中三个图层按<Ctrl+E>组合键合并图层并命名为"印章"。显示其他图层，

— 147 —

选中"印章"图层调整大小,并将其置于画布的右侧。

12)置入素材图片"飞鸟.png",按<Ctrl+T>组合键进入自由变换状态,缩小此图,设置不透明度为60%,将其移动至山中。再复制"飞鸟"图层,将飞鸟移至左上位置。工匠精神宣传海报的最终效果如图9-18所示。

图9-18 工匠精神宣传海报的最终效果

13)工匠精神宣传海报制作完成,按<Ctrl+S>组合键,养成及时保存作品的良好习惯。

任务 2　设计劳动教育海报

任务情境

自强不息是中华民族的优良传统,是改善民生、创造人民幸福生活的重要保证。从某种意义上说,一个人德行的养成、奋斗精神的培养始于辛勤的劳动教育。新学期开始,学校要制作一份劳动教育宣传海报。

任务分析

劳动教育海报要做到突出、醒目,正能量满满,所以选择红色作为主色调。配以劳动相关人物形象及文案,体现劳动精神的可贵。本任务首先按照海报的规格建立确定海报尺寸的参考线,然后设计海报背景,导入相关素材,最后输入各部分文字内容,添加装饰部分,完成劳动教育海报的设计任务。

任务实施

1．制作海报背景

18 设计劳动教育海报

1）运行 Photoshop，新建 PSD 文档（劳动光荣.PSD），设置宽度为 20 厘米、高度为 30 厘米，背景色设为白色。(海报的大小应根据实际需求来定，这里设置的尺寸仅供参考。) 选择"视图"/"新建参考线版面"命令，预留"出血线"参数的设置如图 9-19 所示。

图 9-19 "新建参考线版面"对话框

说明 "出血线"的主要作用是在成品裁切时，有色彩的地方在非故意的情况下，做到色彩完全覆盖到要表达的地方。一般印刷品保留 0.3 厘米即可。

2）置入"背景 1"和"背景 2"素材图片，按 <Ctrl+T> 组合键变换图片的大小与背景图片一致，并将"背景 2"图层置于"背景 1"图层之上，同时设置"背景 2"图层的模式为"划分"。置入"高楼"素材图片，将其图层模式设置为"叠加"。背景效果如图 9-20 所示。

图 9-20 设置背景

3）调整曲线，调亮整体背景色彩，如图9-21所示。

2．制作主体部分

1）置入"建筑"素材图片，右击选择"混合选项"命令，选中"颜色叠加"复选框，设置颜色为#db1515，如图9-22所示。

2）新建图层，选择矩形选框工具，选择右下角空白区域，设置前景色为#db1515，按<Alt+Delete>组合键填充选区为相同颜色（见图9-23），按<Ctrl+D>组合键取消选区。

3）置入"无上光荣"素材图片，按<Ctrl+T>组合键进入自由变换状态，按住<Shift>键等比例放大至图片上方，右击该图层，选择"栅格化图层"命令，效果如图9-24所示。

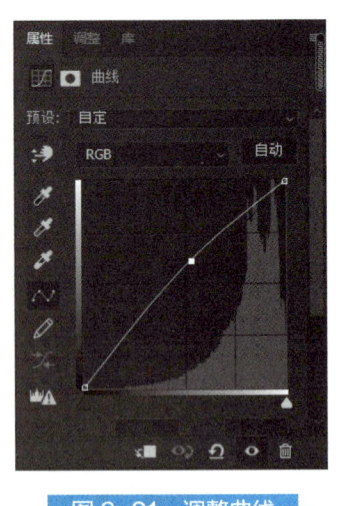

图9-21 调整曲线

图9-22 设置颜色叠加

项目 9　海报设计

图 9-23　填充选区

图 9-24　设置 "无上光荣"

4）选择渐变工具，打开"渐变编辑器"，设置位置 0% 处的颜色为 #f25b00、位置 20% 处的颜色为 #360000、位置 25% 处的颜色为 #fe6901、位置 50% 处的颜色为 #490100、位置 60% 处的颜色为 #e43e00、位置 75% 处的颜色为 #630300、位置 80% 处的颜色为#ff6901、位置100%处的颜色为#6d0000，如图9-25所示。按住<Ctrl>键，选择"无上光荣"，选中文字选区，选择"线性渐变"，沿文字选区横向拉伸渐变，效果如图9-26所示。

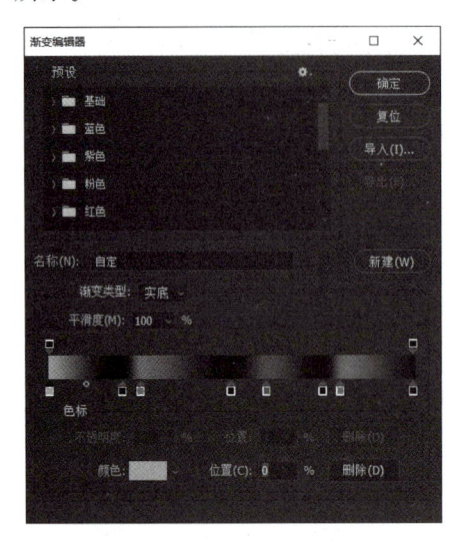

图9-25 设置"渐变"颜色

图9-26 设置线性渐变

5）置入"旗帜"素材图片，将其置于"无上光荣"图层的下方。按住<Shift>键等比例放大至"上"字下方，添加"亮度/对比度"调整图层，按住<Alt>键创建剪贴蒙版至"旗帜"图层，调整"旗帜"图层的"亮度/对比度"，亮度为73，对比度为0。效果如图9-27所示。

图9-27 设置"旗帜"亮度/对比度

项目 9　海报设计

6）新建文字图层，设置字体为"黑体"、大小为 50 点、字符间距为 50%、加粗、字体颜色为白色，如图 9-28 所示。在"旗帜"上输入"致劳动"，按 <Ctrl+T> 组合键，按住 <Ctrl> 键，使用鼠标左键拖动右上角顶点旋转文字使其倾斜角度与"旗帜"平行，效果如图 9-29 所示。

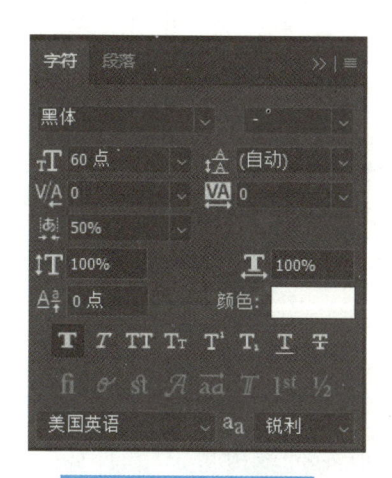

图 9-28　字符设置

图 9-29　文字效果

7）置入"光点"素材，将图层模式设置为"滤色"，移动该图层至"建筑"图层的上方，效果如图 9-30 所示。

图 9-30　设置"滤色"图层模式

8）将"太阳"素材拖拽进画布中，调整其大小，使太阳位于画布的左上角。选中该图层，选择"叠加"图层模式，效果如图 9-31 所示。

9）置入"文字"素材，按 <Ctrl+T> 组合键调整其大小，置于画布的中间。新建图层，使用矩形选框工具在文字图层下方绘

图 9-31　将"太阳"图层设为"叠加"模式

— 153 —

制一个矩形选区，填充颜色值为#db1515。按<Ctrl+J>组合键复制该图层并平行移动到右侧，效果如图9-32所示。

图9-32 新建图层绘制矩形选框

10) 新建图层，选择矩形选框工具，在两条装饰线中间绘制矩形框，按<Alt+Delete>组合键填充选区为前景色。选择文字工具，设置字体为"黑体"、大小为26点、颜色为白色、加粗，输入文字"最光荣"，效果如图9-33所示。

图9-33 输入文字"最光荣"

11) 选择直排文字工具，设置文字为"仿宋"、大小为18点、颜色为#db1515，在画布的右方输入文字"争当时代先锋"和"弘扬劳模精神"。新建图层，在文字的右侧绘制一个矩形长条作为装饰，选中3个图层设为顶端对齐，效果如图9-34所示。

3. 添加修饰素材

1) 置入"红布""白鸽""灯""飞鸟"等素材，并将"飞鸟"素材复制一份，分别对素材调整大小并放置在图9-35所示的位置。

2) 置入"光效1"和"光效2"，将"光效1"置于"无上光荣"中间偏上方，将"光效2"置于"致劳动"上方，均将图层模式设置为"滤色"，最终效果如图9-36所示。养成及时保存作品的良好习惯，按<Shift+Ctrl+S>组合键，将文件另存为"劳动光荣.psd"保存。

图9-34 添加文字图层

项目 9　海报设计

图 9-35　添加装饰素材

图 9-36　劳动教育海报的最终效果

知识加油站

1．海报的概念

海报是一种瞬间艺术，是户外广告的一种，是无声的、有形的、有色的，通过艺术的手法和设计的形式传递信息的，是一种大众化的宣传工具和宣传媒介。

2．海报的分类

海报主要分为公益海报和商业海报两大类。公益海报与商业海报有一定的区别。

（1）公益海报

公益海报运用生动的视觉形象，激起公众的审美感受，使公众在审美体验中受到真、善、美的熏陶。优秀的公益海报具有一定的背景和内涵，拥有较强的表现力和视觉震撼力，同时具有广阔的市场前景和发展空间。要设计出一个好的公益海报，有以下几项要求。

1）公益海报设计方案的生活化。公益海报的设计要充分体现时代性与大众性。不同于一般的商业性海报，它要将关注的焦点定位于社会热点问题和反映人民的整体期望上，从而引发广大人民群众的整体服务意识。

2）公益海报取材的细致化。所谓公益就是社会存在中的大众话题，因此在进行公益海报的设计时，要充分考虑题材选取的合理性。

3）公益海报表达的通俗化。公益海报不是面向某一个特定群体设计的，而是面向大众、面向社会的，因此海报的整体表达方式一定要做到通俗化。

（2）商业海报

商业海报是以盈利为目的的，是为企业和商家服务的。商家利用商业海报促进产品销售，促销是商业海报的根本目的。商业海报通常具有告知性，商业海报的主题应该一目了然，以最简洁的语句概括出需要传达的内容。要设计出一个好的商业海报，有以下几项要求。

1）立意要好：要兼有说服、指认、传达信息、审美的功能。

2）构思新颖：要用新的方式和角度去理解问题，创造新的视野、新的观念。

3）构图简练：要用最简单的方式说明问题，引起人们的注意。

4）色彩鲜明：即采用能吸引人们注意的色彩。

5）海报要重点传达商品色彩的信息，运用色彩的心理效应，强化印象的用色技巧。

3．海报的设计要素

（1）图形要素

图形是海报的构成要素之一，也是海报中最重要的元素，它在海报中的作用是不可忽视的。图形要素主要包括抽象图形和具象图形。抽象图形一般较难被人理解，它需要读者深入思考。读者自行领悟出的内容更容易被记住，也就更容易影响读者的言行举止。但抽象图形必须遵从图形的突出性这一前提条件。如果一幅海报不够新颖、突出，不够吸引人，读者就不会注意到，更不会思考其中的意蕴。具象图形和抽象图形有所不同，读者往往可以一眼看出具象图形所要呈现的内容，不用深入思考。

（2）文字要素

文字是海报的重要组成部分。文字有语言表述功能、信息传达功能、视觉审美功能。海报中的文字既能与图形、图片组合以传递信息，也可以单独传递信息。

文字有重叠、连写、变异、分割等表现手法。文字以其特有的形式美影响版面的视觉效果，进而影响信息的传递效果，可以通过美的形式表达出设计师想要表达的主题思想。

（3）色彩要素

色彩是海报的构成要素之一。海报设计的成功与否，在一定程度上取决于色彩的运用和搭配是否恰当。不同的色彩可以表达出不同的海报主题。例如，绿色是大自然的颜色，它代表着环保，以环保为主题的公益海报一般会用到绿色；黑色在一些国家象征死亡和战争，一些反战或者反对人类捕杀动物的公益海报会用到黑色；红色比较鲜艳、热烈，会让人有种冲动感，一些比较喜庆的海报会用到红色，红色还有警告的意味；白色表现的主题一般比较平静；黄色是带有警示性的色彩，一些带有警告色彩的公益海报往往会用到黄色。色彩运用得当，就可以有效地烘托海报的主题。海报设计者应注意使色调与海报主题相协调，满足浏览者的不同需求，便于其阅读。

项目拓展

一、选择题

1. 要想为一个图层添加蒙版，使用的是图层面板上的（　　）按钮。
   A. fx.　　　　　B. ▢　　　　　C. ▢　　　　　D. ▢

2. 在某个文档的图层面板中有两个紧连在一起的图层 A 和 B，图层 A 在图 B 的上面。现在为了要使图层 B 的图像在图层 A 中能透视出来，需要执行的操作是（　　）。

   A．选择图层 A，将不透明度设置成 100%

   B．选择图层 B，将不透明度设置成 100%

   C．选择图层 A，将不透明度设置成 20%

   D．选择图层 B，将不透明度设置成 20%

3. 下列属于 Photoshop 中图层模式（混合模式）的是（　　）。
   ①阴影　②正片叠底　③外发光　④渐变叠加　⑤滤色　⑥强光
   A．①②③　　　　B．①③④　　　　C．②⑤⑥　　　　D．①③⑤

4. 在 Photoshop 中，下面有关模糊工具和锐化工具的描述不正确的是（　　）。

   A．它们都用于对图像细节进行修饰

   B．按住 <Shift> 键就可以在这两个工具之间切换

   C．模糊工具可降低相邻像素的对比度

   D．锐化工具可增强相邻像素的对比度

5. 在 Photoshop 中，能够最快在同一幅图像中选取不连续的且不规则的颜色区域的操作是（　　）。

   A．全选图像后，按 <Alt> 键用套索工具减去不需要的被选区域

   B．用钢笔工具进行选择

   C．使用魔棒工具单击需要选择的颜色区域，并且取消选中其属性栏中的"连续的"复选框

   D．没有合适的方法

二、拓展训练

世界水日

为了缓解世界范围内的水资源供需矛盾，根据联合国《21 世纪议程》第 18 章有关水资源保护、开发、管理的原则，1993 年 1 月 18 日，联合国第 47 届大会通过了 193 号决议，决定从 1993 年开始，确定每年的 3 月 22 日为"世界水日"。

虽然地球的储水量是很丰富的，共有约 14.5 亿立方千米，但是其中海水却占了 97.2%，陆地淡水仅占 2.8%。而与人类生活最密切的江河、淡水湖和浅层地下水等淡水，又

仅占淡水储量的 0.34%。更令人担忧的是，这数量极有限的淡水，正越来越多地受到污染。人类的活动会使大量的工业、农业和生活废弃物排入水中，使水受到污染。因此，保护和更有效合理地利用水资源，也是我国面临的一项紧迫任务。

水是生命的基础，它不仅关系到人类生活的质量，还影响到人类的生存能力。应增强水的危机意识，珍惜水、节约水、保护水资源。

任务要求 利用所给素材图片，制作一份公益广告——"没有水，世界会变成怎样？"，如图 9-37 所示。

图 9-37 公益广告——"没有水，世界会变成怎样？"

任务提示

1．使用图层蒙版分割画面，使画面呈现两种效果。

2．添加文字、边框、水滴素材使画面更丰富。使用曲线工具调整画面的明暗度；文字处理成不同颜色，增强画面的对比效果。

项目 10
包装设计

项目概述

所谓包装是指为了在流通过程中保护产品、方便储运、促进销售，按一定的技术方法所用的容器、材料和辅助物品的总称。为达到上述目的，在采用容器、材料和辅助物的过程中施加一定技术方法的操作活动称为包装设计。包装设计的目的是为了解决企业市场营销方面的问题，具体来讲就是为了推销产品与宣传企业形象。

职业能力目标

知识目标
- 了解包装设计的基本过程。
- 掌握不同类型的包装设计技巧。

能力目标
- 能根据实际要求独立构思平面、立体效果。
- 能根据所学内容独立完成包装盒的设计。
- 能熟练处理设计过程中所使用的图片、文字要素。

素养目标
- 通过学习包装设计的不同的创意方法和技巧，激发想象力和灵感，培养创新思维和创造力。
- 通过学习和欣赏不同类型的包装设计作品，提高审美水平和艺术素养，更好地理解和应用包装设计和市场需求。
- 通过设计月饼包装盒，传播中华传统文化。

任务 1　设计巧克力包装

任务情境

由于巧克力具有独特的爱情属性并具有良好的口感，在七夕、情人节等节日，情侣之间常会互赠巧克力表达感情。本任务以"情深意浓、香甜悠长"为主题设计一款可以容纳 30 颗巧克力的礼品盒。

任务分析

通过市场调查，巧克力包装多为简单造型，为了避免过度包装，选用简单大方的长方体为外包造型，规格为 24cm×16cm×5cm。合理而恰当地运用色彩，能引起消费者对巧克力的初始购买欲望。整体设计以巧克力色和咖啡色为主色调，色彩沉稳大方，透出一种优雅、清香的感觉。然后添加飘逸丝带及心形巧克力图片等作素材，用心形巧克力制作蝴蝶效果寓意"比翼飞"突出主题。在图形及文字设计上重点表现巧克力的口感特色，突出"香甜悠长"主题。

任务实施

1. 创建文档

19　设计巧克力包装

1）根据之前设计的"规格"，包装盒平面展开图如图 10-1 所示，计算画布大小为 58cm×26cm。

2）运行 Photoshop，新建文档并命名为"巧克力包装平面设计图 .psd"。设置宽度为 58 厘米、高度为 26 厘米、分辨率为 300 像素/英寸。

3）选择"视图"菜单/"新建参考线"命令，弹出"新建参考线"对话框。分别添加垂直 5 厘米、29 厘米、34 厘米；水平 5 厘米、21 厘米的参考线。设置参考线后划分区域如图 10-2 所示。

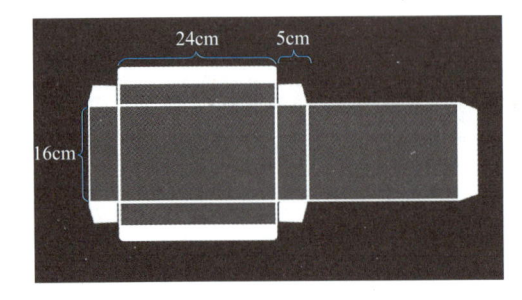

图 10-1　包装盒平面展开图　　　　图 10-2　设置参考线后划分区域

项目 10　包装设计

> **说明**
> ① 添加参考线还可以直接从水平、垂直标尺上拖出，但是这样不够精确。参考线的添加有利于版面的划分与设计，在对齐过程中也经常使用。
> ② 标尺上的度量单位的设置方法：在标尺上右击，后选择相应度量单位。

2．制作背景

1）将背景填充为黑色，创建图层组命名为"背景"，用于存放相关背景图像。在背景图层组中新建图层并命名为"框架"。在"正面"区域绘制正面选区，选择"编辑"菜单/"描边"命令，设置颜色为白色、大小为15，渐变色的设置如图10-3所示。

图10-3　渐变色的设置

2）拖拽鼠标填充出图10-4所示的效果。
3）用同样的方法制作"背面"区域。
4）选择油漆桶工具，设置颜色为深咖啡色，分别制作前、后、左、右面的选区并填充颜色，效果如图10-5所示。至此背景制作完毕。

图10-4　填充渐变色至"正面"区域

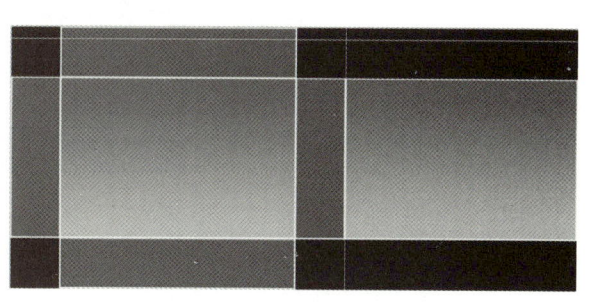

图10-5　包装盒展开背景

3．制作正面

1）新建一个名为"正面"的图层组。
2）置入素材"底图.gif"，设置图像的宽度和"正面"区域一样，为其添加"斜面和浮雕"

效果，增加立体感，设置大小为 27、软化为 5、阴影模式为"正面叠底"，颜色为咖啡色，其余保持默认设置。效果如图 10-6 所示。

3）置入素材"丝带.bmp"，栅格化该图层，使用魔棒工具选择并删除白色背景，适当羽化边缘，改变其大小及位置，设置图层的透明度为"70%"，利用矩形选框工具选出并删除"丝带"超出包装盒以外的区域，效果如图 10-7 所示。

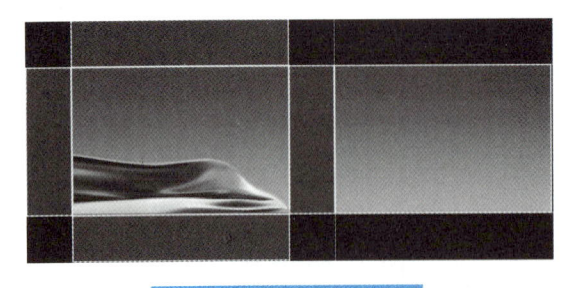

图 10-6　正面的效果

图 10-7　添加丝带的效果

说明　若丝带的色彩不理想，可以通过调整曲线、色彩平衡来快速调整。

4）使用同样的方法，置入"心形巧克力.bmp"素材并删除白色背景。

5）按 <Ctrl+J> 组合键复制"心形巧克力"图层，调整其大小和位置使得两个图层合成蝴蝶飞舞状，如图 10-8 所示。

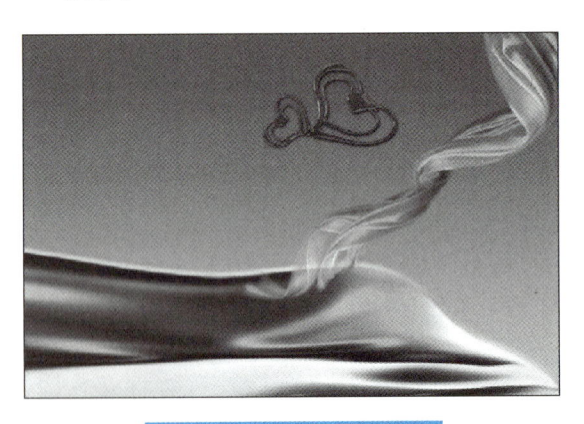

图 10-8　制作蝴蝶效果

6）选择横排文字工具，输入文字"Chocolate"，设置字体为"Edwardian Script ITC"、颜色为黑色、字号为 100 点，调整其位置到心形巧克力的下方。

7）给文字层添加"图层样式"中的"外发光"效果，设置扩展为"25%"、大小为 25 像素。

8）制作商标图案。新建图层并命名为"商标"。用椭圆选框工具制作椭圆选区，在选区内右击，选择"描边"命令，设置大小为 15、颜色为红色；在椭圆内部填充米黄色；利用文字工具，设置字体为隶书、颜色为黑色、字号为 36，在椭圆形正上方输入"商标"两字。商标底图效果如图 10-9 所示。

9）分别置入素材"巧克力 1.gif""巧克力 2.gif""巧克力 3.gif",调整位置和大小,效果如图 10-10 所示。

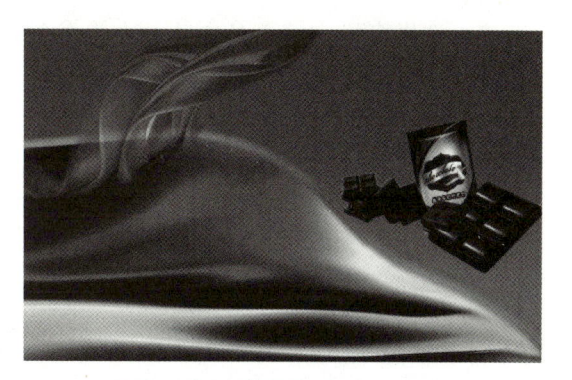

图 10-9　制作商标底图

图 10-10　置入巧克力素材

4．制作左侧面

1）在"正面"图层组上方建一新图层组,命名为"左侧"。

2）在图层面板中同时选中"正面"图层组内的"Chocolate"文字层、"商标"图层、"商标"文字层,按 <Ctrl+J> 组合键复制出三个新图层,将三个新图层拖拽到"左侧"图层组。

> **说明**　选中不连续图层,可以在按住 <Ctrl> 键的同时依次单击各层;选中连续的多个图层,则可以先单击第一层,然后按住 <Shift> 键的同时单击最后一层。

3）选中"左侧"图层组,选择"编辑"菜单/"变换"/"顺时针旋转 90 度"命令,将商标旋转 90°。选中"Chocolate"文字,将其大小改为 80 点;选中"商标"文字,将其大小改为 22 点。适当调整"商标"椭圆图层大小,调整"左侧"图层组图像的位置,效果如图 10-11 所示效果。

图 10-11　左侧区域图文效果

5．制作背面

1）在"左侧"图层组上方建一新图层组，命名为"背面"。

2）选择横排文字工具在背面左上角创建矩形区域；设置字体为"华文行楷"、颜色为白色、字号为48点，输入文字"浓情巧克力"；给文字图层添加"外发光"效果，颜色为咖啡色、不透明度为75%、扩展为9%、大小为30像素。文字效果如图10-12所示。

图10-12　输入文字效果

3）打开素材中的文件"巧克力包装文字内容.doc"，复制所有文字；利用横排文字工具创建矩形框，粘贴文字，设置字体为"微软雅黑"、颜色为白色、字号为18点、行距为24点、字符间距为100，如图10-13所示。调整两个文字图层的位置到左上侧。

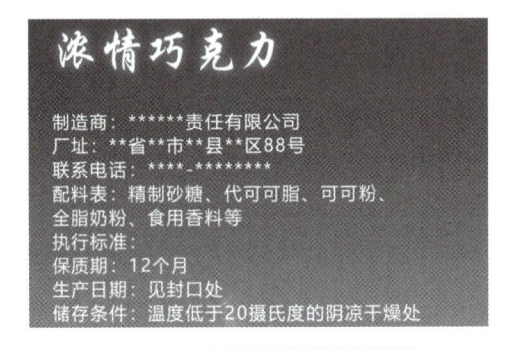

图10-13　包装文字效果

4）置入图片"QS.JPG"和"条形码.jpg"，调整它们的大小和位置。巧克力包装的最终效果如图10-14所示。秉持追求完美的精神，修改调整作品的细节，及时保存作品，按<Ctrl+S>组合键保存文件，命名为"巧克力包装平面效果图.psd"。

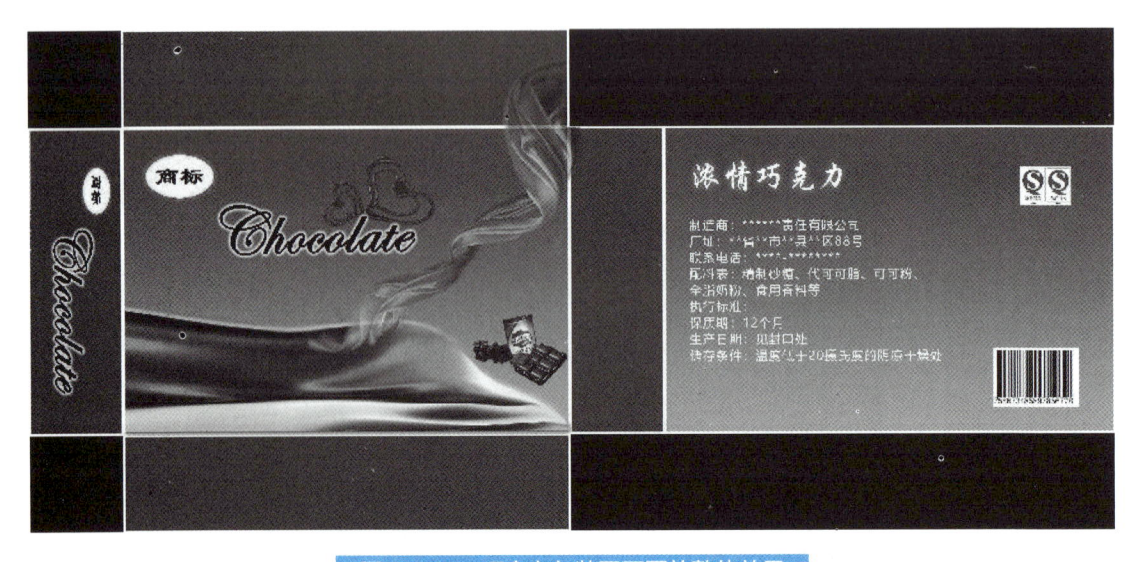

图10-14　巧克力包装平面图的整体效果

项目 10　包装设计

说明　立体效果图可以在导出的平面图的基础上，切开各块区域，利用透视、斜切、旋转、扭曲等方法实现，再适当增添一些阴影效果。巧克力包装的立体效果如图 10-15 所示。

图 10-15　巧克力包装的立体效果

任务 2　设计月饼包装

任务情境

中秋节是我国的传统佳节，我国自古就有在这天赏月的习俗。《礼记》中就记载有"秋暮夕月"，即祭拜月神。到了周代，每逢中秋夜都要举行迎寒和祭月。月饼与过年的饺子、端午的粽子一样，寄托了人们合家团圆、祈求和顺的美好心愿。中秋节将至，某食品公司准备推出一款新的月饼包装盒，通过市场调研和策划，最终确定了主题为"富贵、团圆"、规格为 30cm×25cm×5cm。本任务将进行月饼内、外包装盒效果图设计，内外包装作为一个系列，主题、色调要做到基本统一。

任务分析

月饼同类产品很多，其包装要引起人们的注意，应从主题、内容、图片及色彩等方面着手。为突出富贵主题，在制作过程中选择了金黄色作为主色调、牡丹作为配图，这两者都有华贵的意思；为突出另一"团圆"主题，采用了中国风元素，既体现了团圆又表达了中秋节是传统节日。

任务实施

1．制作外包装盒平面图

1）运行 Photoshop，新建一个 PSD 文档，命名为"外包装盒平面图"。设置其宽度为

20　设计月饼包装

55厘米、高度为33厘米、分辨率为300像素/英寸、背景为白色。

> **说明** ①包装盒平面展开图的大小应根据实际需求而定。如果要进行本任务中月饼外包装盒正面规格为30厘米×25厘米，正、背面加预留空隙，所以设置画布大小为55厘米×30厘米。而对于分辨率，产品包装设计或者精美印刷图片的分辨率应不低于300像素/英寸。
>
> ②包装盒的展开方法不同，计算尺寸方法也不同。

2）添加参考线。分别在水平25厘米、30厘米处添加参考线，如图10-16所示。

3）单击"图层"面板中的"创建新组"按钮创建新图层组，命名为"背景"。在"背景"图层组中新建图层，命名为"背景色"。通过矩形选框工具制作正、背面两个区域，如图10-17所示，设置填充色为#d9941e。

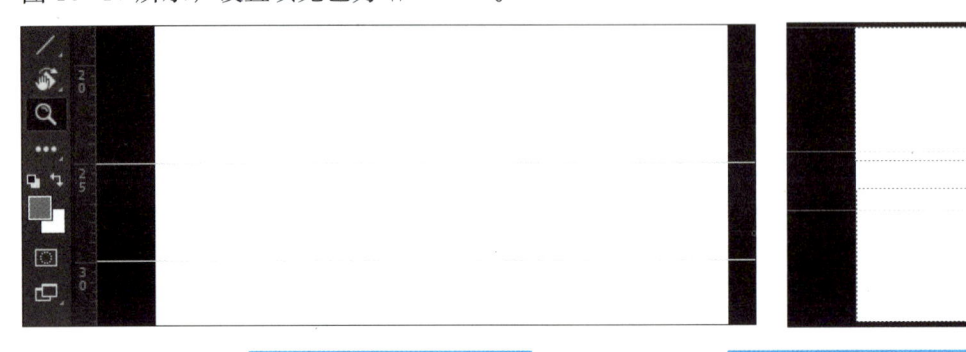

图10-16　添加参考线　　　　图10-17　制作正面和背面区域

4）新建"图层2"，命名为"背景图案"。采用与上面相同的方法制作正、背面选区。选择油漆桶工具，设置填充内容为"图案"，在弹出的"图案"面板中单击设置按钮，选择"彩色纸"选项，如图10-18所示，进一步选择"红色犊皮纸"。

图10-18　设置填充内容

5) 设置"背景图案"图层的图层样式为"叠加",效果如图 10-19 所示。

6) 在"背景"图层组上方新建"背面"图层组,置入"素材 1.jpg"。按 <Ctrl+T> 组合键进入自由切换状态,调整其大小刚好覆盖背面区域,设置图层的不透明度为 55%,效果如图 10-20 所示。

图 10-19 设置"叠加"样式后的效果

图 10-20 设置图层的不透明度

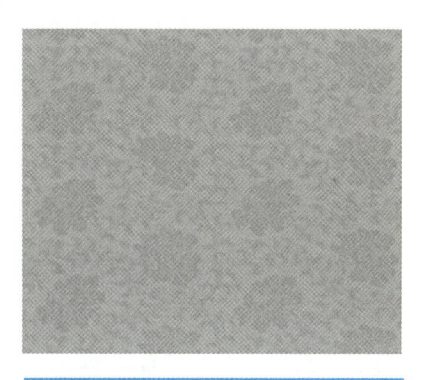

7) 在当前图层上方置入"素材 2.jpg",调整其大小刚好覆盖月饼盒背面区域。右击,在弹出的快捷菜单中选择"旋转 180 度"命令,再设置该图层"变暗"、不透明度为 50%,效果如图 10-21 所示。

8) 在"背面"图层组上方新建"正面"图层组,用于存放包装盒"正面"相关图层。按 <Ctrl+J> 组合键复制图层"素材 1"为"素材 1 拷贝",移至"正面"图层组中。设置其不透明度为 35%、填充为 90%、图层样式为"线性加深"。

9) 在该图层下方新建图层"底色",填充颜色为 #e6691d。选中"素材 1 拷贝"图层,右击,在弹出的快捷菜单中选择"栅格化图层"命令。利用椭圆选框工具及矩形选框工具,再配合使用 <Shift> 键或工具属性栏中的"添加到选区"按钮,制作图 10-22 所示的选区。

图 10-21 外包装盒背面的效果

图 10-22 制作选区

10) 先后选择"底色"图层、"素材 1 拷贝"图层,删除选区中的内容。选择"图像"/"调整"/"色彩平衡"命令,弹出"色彩平衡"对话框,调整"素材 1 拷贝"图层的中间调,如图 10-23 所示。

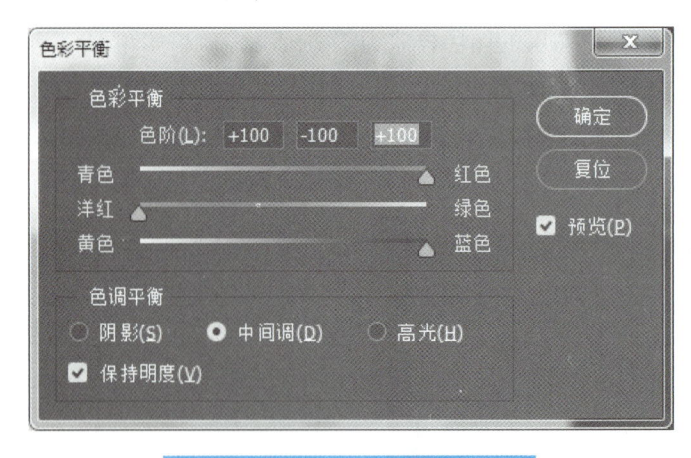

图 10-23 "色彩平衡"对话框

11）双击"素材 1 拷贝"图层，弹出"图层样式"对话框，设置"斜面和浮雕"效果，深度为 324%、大小 35 像素、阴影角度为 27 度、阴影高度为 50 度，如图 10-24 所示。

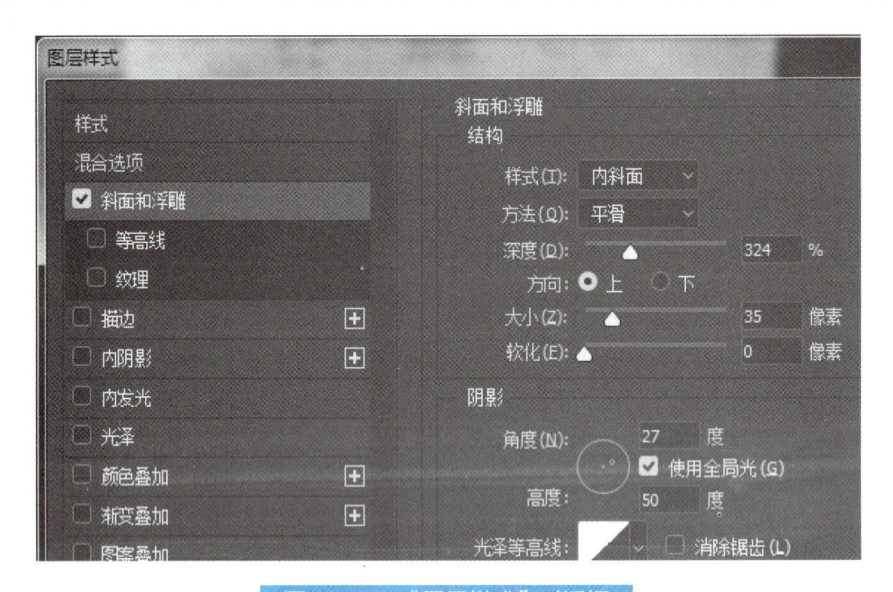

图 10-24 "图层样式"对话框

12）置入"素材 3"到当前图层的下方，按 <Ctrl+T> 组合键，在工具属性栏中设置其宽为 5 厘米、高为 20 厘米（见图 10-25），调整位置与上边线对齐。

图 10-25 设置图像大小

13）打开素材中的两幅牡丹图，分别进行抠图，并将它们复制到当前文档的"素材3"图层下方，调整其大小、位置、透明度，效果如图10-26所示。

14）分别打开素材"嫦娥奔月.jpg""圆形花纹.jpg"和"月饼.jpg"，分别进行抠图，并将它们复制到当前文档中，置于当前图层组的最上方，调整其大小、位置和透明度，效果如图10-27所示。

图10-26　置入牡丹素材

图10-27　置入其他素材

15）选择文字工具中的直排文字工具，在"圆形花纹"上方输入"中秋月饼"字样，设置字体为隶书、大小为72点、颜色为白色。双击文字图层，在"图层样式"对话框中添加"描边"效果，位置为"外部"、大小为18像素、颜色为黑色，如图10-28所示。

16）添加文字图层，输入"月圆中秋 尽享天伦"字样。在"字符"面板中设置字符格式如图10-29所示。

图10-28　设置"描边"效果

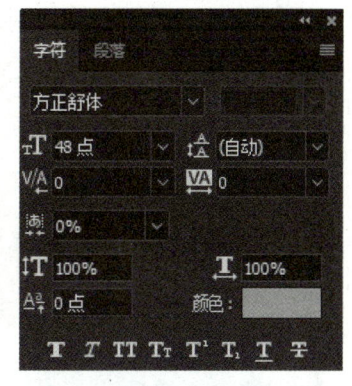

图10-29　"字符"面板

17）右击文字图层，在弹出的快捷菜单中选择"混合选项"命令。在"图层样式"对话框中，选中"斜面和浮雕"复选框，保持默认浮雕效果，再按图10-30所示设置"外发光"效果。保存图像为 PSD 格式，另存为"外包装盒平面图 .jpg"。

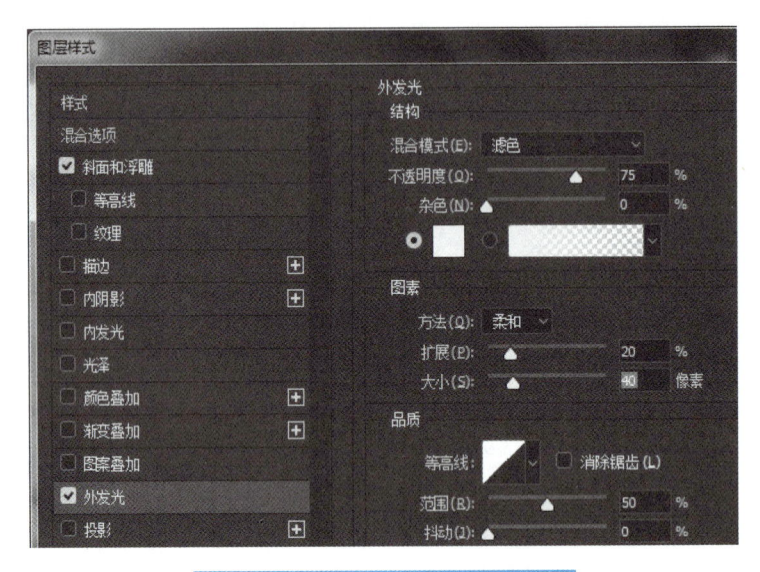

图 10-30 设置"外发光"效果

2．制作外包装袋立体图

1）新建文件并命名为"外包装袋立体图"，复制月饼包装平面图的正面区域到当前文件中，命名为"正面"。

2）按 <Ctrl+T> 组合键，调整其大小为 20 厘米 ×15 厘米。右击，利用快捷菜单中的"斜切""扭曲""自由变换"等命令实现图 10-31 所示的效果。

3）分别在图像顶部和底部添加两条参考线，为制图提供参考。新建图层，命名为"左"，利用多边形套索工具制作图 10-32 所示的选区，填充颜色 #462b00。

图 10-31 包装袋正面效果　　　　图 10-32 制作左侧选区

4）新建图层，命名为"右"，制作图 10-33 所示的选区，填充颜色 #613a00。

5）新建图层，命名为"下"，制作图 10-34 所示的选区，填充颜色 #583400。

图 10-33 制作右侧选区　　　　　　　图 10-34 制作下侧选区

6) 新建图层, 命名为 "纸袋洞孔"。用椭圆选框工具制作一个小圆, 填充黑色。按 <Ctrl+J> 组合键复制该图层, 将其调整到图 10-35 所示的位置。

7) 置入 "素材 4", 调整其大小和位置。外包装袋的最终效果如图 10-36 所示。

图 10-35 制作 "纸袋洞孔"　　　　　　图 10-36 外包装袋的最终效果

3. 制作外包装盒立体图

1) 新建文件并命名为 "外包装盒立体图"。新建 "图层 1", 使用矩形选框工具绘制一个矩形选区, 填充黑色到深灰色的线性渐变。复制该图层并命名为 "图层 2"。按 <Ctrl> 键的同时单击图层缩略图将 "图层 2" 的矩形载入选区, 填充为黑色。两个矩形如图 10-37 所示。

图 10-37 绘制两个矩形

2) 将两个矩形的一侧短边对齐, 按 <Ctrl+T> 组合键对两个矩形分别进行自由变换, 按住 <Ctrl> 键的同时拖动矩形的另一侧短边进行斜切, 调整成图 10-38 所示的形状。

3) 将包装正面添加到 "外包装盒立体图" 文件中, 自动生成 "图层 3"。将其一个顶点和两个矩形的交叉处

图 10-38 调整两个矩形的形状

— 171 —

对齐，按<Ctrl+T>组合键对正面进行自由变换，按住<Ctrl>键的同时拖动正面的另三个顶点进行扭曲。包装盒的顶面效果如图10-39所示。

4) 将"图层1""图层2""图层3"复制一份，向上移动一定距离，如图10-40所示。

5) 将"图层3"的包装盒正面载入选区填充为中灰色，效果如图10-41所示。

6) 使用多边形套索工具绘制图10-42所示的选区，并填充为浅灰色。外包装盒立体效果制作完成，如图10-43所示。

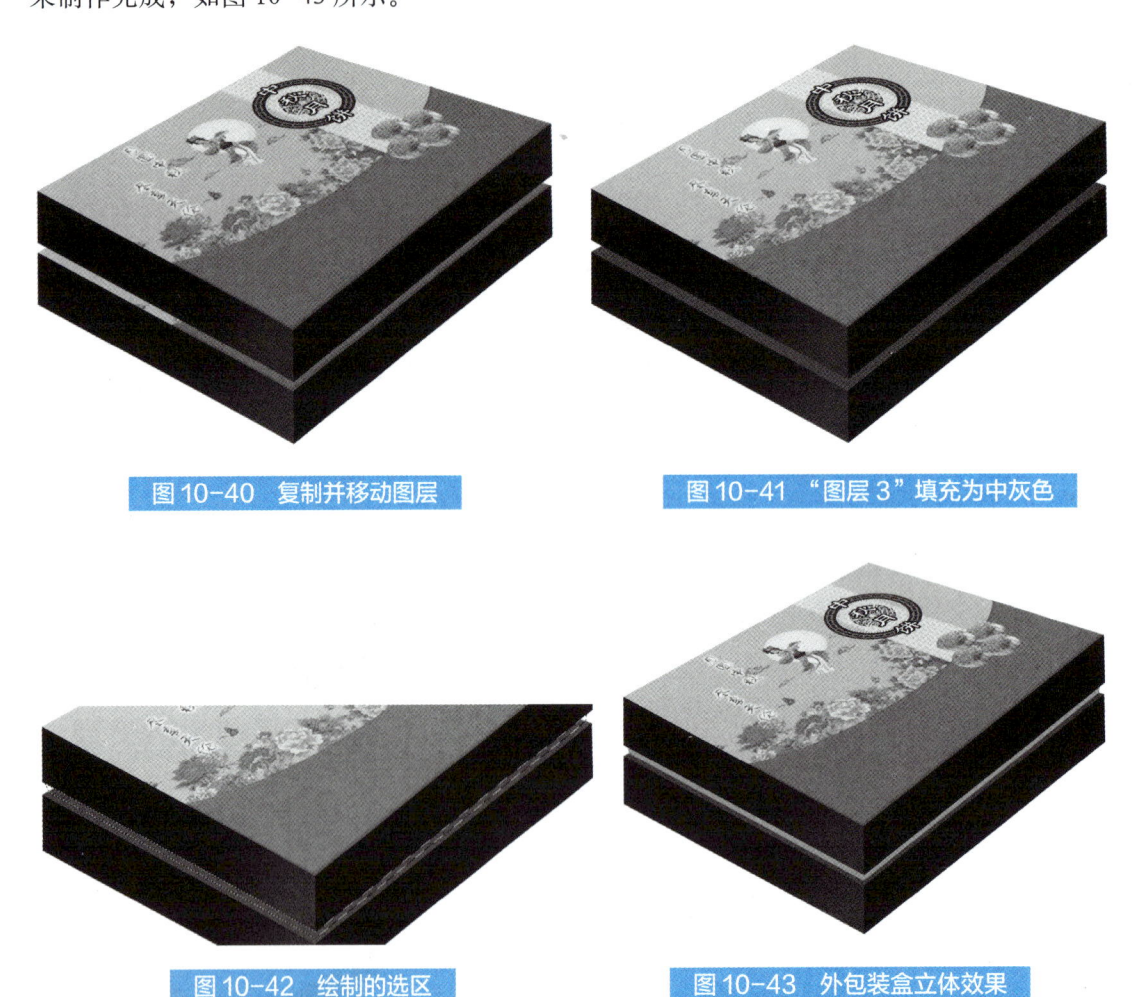

图10-39 制作包装盒顶面

图10-40 复制并移动图层

图10-41 "图层3"填充为中灰色

图10-42 绘制的选区

图10-43 外包装盒立体效果

7) 新建文件并命名为"月饼包装"，背景填充浅灰色到白色的径向渐变。置入制作好的月饼包装平面图、礼品袋立体图、外包装盒立体图，调整它们的大小和位置。将礼品袋、外包装盒复制一层，填充灰色，添加 8 像素的高斯模糊，图层不透明度改为 30%，制作礼品袋和外包装盒的投影。月饼包装的最终效果如图 10-44 所示。本着精益求精、追求完美的精神，修改调整作品的细节，养成及时保存作品的良好习惯，按 <Ctrl+S> 组合键保存文件。

图 10-44 月饼包装的最终效果

知识加油站

包装设计的总原则是"科学、经济、坚固、美观、适销"。这个总原则是围绕包装的基本功能提出来的，是对包装设计整体上的要求。在这个总原则下，作为侧重于传达功能和促销功能的包装装潢设计，还要符合以下四项基本要求：引人注目、易于辨认、具有好感、恰如其分。

1. 包装设计的分类

1) 按包装外形可分为大包装、中包装、小包装、硬包装、软包装。

2) 按包装材料可分为纸盒包装、塑料包装、金属包装、木包装、陶瓷包装、玻璃包装、棉麻包装、丝绸包装等。

3) 按商品内容可分为食品包装、烟酒包装、文化用品包装、化妆品包装、家电包装、日用品包装、土特产包装、药品包装、化学用包装、玩具包装等。

4) 按商品销售可分为内销包装、外销包装、经济包装、礼品包装等。

5）按商品设计风格可分为卡通包装、传统包装、怀旧包装、浪漫包装等。

6）按商品性质可分为商业包装、工业包装。

2．包装设计的一般程序

包装设计是以吸引消费者、促进商品的销售、提高商品的竞争力为目标的一项专业性工作。设计者的主要任务是帮助企业设计一个有效的、有销售力的、能为企业带来利益的包装。在设计过程中要与企业共同协议，解决产品包装设计在销售中会产生的各种问题。包装设计一般要经过以下几步。

（1）市场调查

当设计者接受企业委托后，第一要了解企业提供的商品基础情况，在此基础上要进行市场调查。在明确商品的品质、功能、特点及流通情形后，要着重调查清楚同类商品的购买对象、明白消费者购买中意商品的重要因素及其他同类商品的优势和缺点。

（2）设想方案

在通过市场调查明白了市场情形之后，设计者要对调查得来的材料进行综合性分析，提出商品包装设计的初步设想方案和要表现的内容，包括商品包装装潢设计要达到什么样的预想成效、应当实行哪些具体措施等，以供企业商定。

（3）确定材料

通过包装设计的设想后，确定方案费用开支，开始制定包装设计的实施方案。设计师要依据市场调查来的情形，依据产品的性质、外形、价值、结构、重量及尺寸等因素，选择适当而有效的包装材料来进行设计运用。

（4）确定造型

在确定包装材料并充分了解材料及其性能之后，就要开始设计特定的产品包装定型结构。该部分设计要从爱护商品、便利运输、便利消费等方面着想，还需考虑产品的生产工艺及现有的自动包装流水线的设备条件。

（5）设计图稿

在确定上述因素的基础上，设计师开始进入包装的创意设计，进行各种设计构思，充分发挥自己的想象力，以不同风格的构图、色彩、图形、字体构成几个具有明显的视觉形象和视觉传递成效的设计图稿，以供企业选用。

（6）小量生产

企业对不同风格的设计图稿进行仔细的选择。做进一步的修改加工后，选择其中的2~3个进行小批量印制，经过市场试销，听取消费者的反馈意见。该过程还可检验包装的牢靠性及包装装潢设计的合理性。

（7）包装定稿

经过一段时间的市场试销测试，依据消费者所反馈回来的信息，确认最受欢迎和好评的一款包装设计，即可以开始正式、大批量的生产销售。

项目拓展

一、填空题

1. 制作选区时，需要从选区减去，可以先按住 <＿＿＿＿＿＿> 键。
2. 复制图层使用组合键 <＿＿＿＿＿＿>。
3. 在 Photoshop 中，新建文件默认分辨率为＿＿＿＿＿＿像素/英寸，如果要进行包装设计或者精美印刷，分辨率应不低于＿＿＿＿＿＿像素/英寸。

二、简答题

1. 调节 Photoshop 中图像色彩时，可以采用哪些方法？
2. 简要说明图层样式包括哪些效果。
3. 简要介绍设计包装袋时需要注意哪些因素。

三、拓展训练

中国粽子文化

粽子是端午节的标志，也是中华民族流传千年的文化符号，积淀了传唱不竭的屈原舍身爱国的情结，它已经超越了饮食的范畴，演绎为一种历史的记忆和象征。每年五月初五，家家都要包粽子、吃粽子。粽子的品种繁多。从馅料看，北方多包小枣的，南方则有豆沙、鲜肉、火腿、蛋黄等多种馅料。吃粽子的风俗，千百年来在我国盛行不衰，而且流传到朝鲜、日本及东南亚诸国。

任务要求 利用图 10-45～图 10-49 所示的素材图片设计一款粽子的包装盒。

图 10-45　素材 1

图 10-46　素材 2

图 10-47　素材 3

图 10-48　素材 4

图10-49 素材5

> **任务提示**

1. 挑选合适的素材进行粽子包装设计。
2. 粽子包装盒应考虑美观性、实用性，设计不要过于浮夸。
3. 包装应包含粽子及其他端午节相关素材，以及重要性的说明文字。

项目 11
封面和装帧设计

项目概述

封面是通过艺术形象设计的形式来反映商品的内容，同时起到美化商品和保护商品的作用。封面设计必须具有一定的艺术魅力，优秀的封面设计本身就是一件好的装饰品，它融艺术与技术为一体，是观念、形状、色彩、质感、比例、大小、光影的综合表现。成功的封面设计作品一定能给人以美的享受的艺术品。

职业能力目标

知识目标

- 了解 CD 盘面和书籍装帧设计的基础理论知识。
- 掌握使用 Photoshop 进行封面设计的常见方法与技巧。

能力目标

- 在掌握基本的平面设计和排版技巧的基础上，能够根据需求进行封面的设计与制作。
- 能够使用 Photoshop 设计较为精美的封面装帧类作品。

素养目标

- 提高审美能力和创造力，培养对美的敏锐感知和对设计的独特见解。
- 运用想象力和创造力，将所学知识应用到实际的设计中，从而提高创意表达能力。
- 通过参与设计课程，了解并熟悉行业标准和规范，培养良好的职业道德和素养。

任务 1　设计中式婚庆 CD 封面

任务情境

优秀的中式 CD 封面设计既要体现出强烈的时代感又要充满浓浓的传统文化思想，它是大众文化需求的化身，承载着艺术与商业的双重诉求。CD 除了本身存储的内容外，商家还很注意 CD 盘面的美观，而这就要靠设计师们在这小小方寸之间进行构思了。本任务就是要设计一张喜庆的中式婚庆 CD 封面。

任务分析

本任务设计的基本过程：首先，通过设置参考线来确定 CD 盘面的中心点、冲孔、外轮廓及出血位的位置及尺寸；然后，依据参考线对盘面进行绘制，添加"双喜""中式婚礼人物""百年好合"文字等中式婚礼元素；最后，细致地调整素材大小、方向、位置及设置投影等效果。

任务实施

1. 盘面尺寸的确定

21 设计中式婚庆 CD 封面

1）打开 Photoshop，新建文件并命名为"婚庆 CD 盘面设计"，设置宽度、高度均为 12.6 厘米、分辨率为 300 像素 / 英寸、颜色模式为"CMYK 颜色"、背景为白色。

2）创建预留出血位参考线。选择"视图"菜单 /"新建参考线"命令，分别在每边向内 0.3 厘米处创建参考线。四根参考线的具体位置设置如图 11-1 所示。

3）用同样的方法创建盘面中心及冲孔位置的参考线，分别是垂直 6.3 厘米、水平 6.3 厘米、水平 7.05 厘米和水平 8.3 厘米。所有参考线的设置效果如图 11-2 所示。

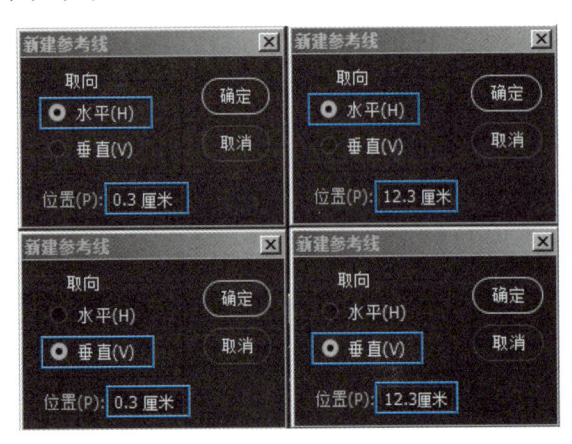

图 11-1　出血位参考线的设置　　　　图 11-2　参考线的设置效果

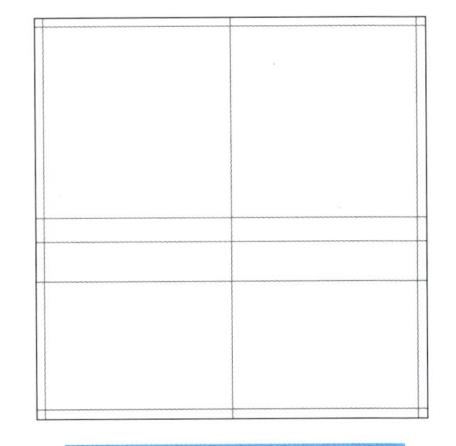

项目 11 封面和装帧设计

2. 盘面绘制

1) 新建"图层 1",选择椭圆选框工具,在属性栏中选择"路径"模式。在参考新标定的中心位置单击,在弹出的"创建椭圆"对话框中按图 11-3 所示进行设置,最后单击"确定"按钮。

2) 按 <Ctrl+Enter> 组合键将路径转化为选区,单击渐变工具,选择线性渐变,编辑渐变设置(位置 0%,颜色 C45,M100,Y100,K15;位置 100%,颜色 C2,M100,Y100,K0),由上向下拖拽鼠标对选区进行线性填充。按 <Ctrl+D> 组合键取消选区。渐变填充效果如图 11-4 所示。

图 11-3 设置椭圆参数

3) 新建"图层 2",选择椭圆选框工具,在盘面中心位置单击,按住 <Shift+Alt> 组合键的同时拖拽鼠标绘制直径为 4 厘米的盘面中心正圆(依据参考线确定圆的位置和大小),填充灰色(C54,M46,Y42,K0)。按 <Ctrl+D> 组合键取消选区。效果如图 11-5 所示。

4) 新建"图层 3",选择椭圆选框工具,在盘面中心位置单击,按住 <Shift+Alt> 组合键的同时拖拽鼠标绘制直径为 1.5 厘米的盘面冲孔正圆(依据参考线确定圆的位置和大小),填充白色。按 <Ctrl+D> 组合键取消选区。效果如图 11-6 所示。

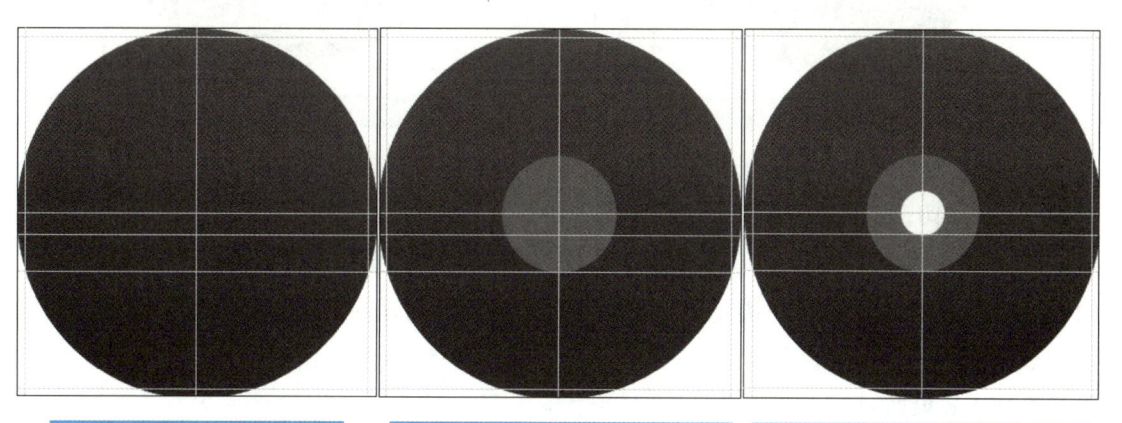

图 11-4 渐变填充效果　　图 11-5 中心正圆填充效果　　图 11-6 冲孔正圆填充效果

3. 导入素材

1) 置入"星光 1"素材至"婚庆 CD 盘面设计"文件中"图层 1"的上方,调整素材的位置、大小和角度,效果如图 11-7 所示。

2) 置入"文字"素材,添加"投影"图层样式,设置距离为 5、大小为 5。置入"星光 2"素材至"文字"图层的上方,调整素材的位置、大小和角度。效果如图 11-8 所示。

3) 采用同样的方法,置入"人物"和"双喜"两个素材,放置位置如图 11-9 所示。

4) 继续采用上述方法将"花纹"素材拖拽到当前文件中,调整"花纹"图层的位置、大小及方向,效果如图 11-10 所示。

图11-7 导入"星光1"素材

图11-8 导入"文字"和"星光2"素材

图11-9 导入"人物"和"双喜"素材

图11-10 导入"花纹"素材

5)输入文字"中式婚礼庆典CD",设置字体为"华文行楷"、大小为16点、字符颜色为(C0,M10,Y100,K0)、字符间距为−25,效果如图11-11所示。

6)按<Ctrl>键的同时,单击"图层1"图层,获得圆形选区,选择"选择"菜单/"反向"命令。单击选中"星光2"图层,按<Delete>键清除盘面外的多余部分。按<Ctrl+D>组合键取消选区。选择"视图"菜单/"清除参考线"命令,清除所有参考线。中式婚庆CD的最终制作效果如图11-12所示。

图11-11 文字设计效果

图11-12 中式婚庆CD的最终效果

项目 11 封面和装帧设计

7）修改调整作品的细节，及时保存作品，按 <Ctrl+S> 组合键保存文件，命名为"中式婚庆 CD 盘面设计 .psd"。

> 知识加油站

1. CD 盘面规格尺寸

CD 的英文全称是 Compact Disk，中文名称是紧凑型光盘。

CD 代表小型镭射盘，是一个用于所有 CD 媒体格式的一般术语。现在市场上有的 CD 格式包括声频 CD、CD-ROM、CD-ROM XA、照片 CD、CD-I 和视频 CD 等。在这多样的 CD 格式中，最为人们熟悉的是声频 CD，它是一个用于存储声音信号轨道如音乐和歌曲的标准 CD 格式。

（1）3 寸 CD 盘面尺寸

3 寸 CD 盘面尺寸如图 11-13 所示。

外径 80mm，内圈圆孔 15mm。

印刷尺寸：外径 78mm；内径 38mm，也有印刷到 20mm 或 36mm 的。

凹槽圆环直径：33.6mm（不同的盘稍有差异，也有没凹槽的）。

（2）5 寸 CD 盘面尺寸

5 寸 CD 盘面尺寸如图 11-14 所示。

外径 120mm，内圈圆孔 15mm。

印刷尺寸：外径 118mm 或 116mm；内径 38mm，也有印刷为 20mm 或 36mm 的。

凹槽圆环直径：33.6mm（不同的盘稍有差异，也有没凹槽的）。

图 11-13　3 寸 CD 盘面尺寸

图 11-14　5 寸 CD 盘面尺寸

2. 封面设计色彩运用

封面设计同绘画创作一样，都是空间艺术。但它和绘画又有所不同，研究封面设计的艺术规律，首先要研究封面这一艺术形式自身所具备的某些特性，同时也要研究它与其他造型艺术的区别。

封面设计色彩运用有如下特征。

（1）色彩的整体性

当一种色相确定后，需要找准符合产品格调的不同程度的色重或明暗。当成套的同类产品摆放在受众群体面前时，色块的分割及固定位置的色彩都必须产生系列、整体的感觉。如果造成分离、凸显或相异的印象，说明色彩语言过于激烈，或者表明色彩语言太保守沉默。色彩的整体性效果如图11-15所示。

（2）色彩的独特性

独特性即个性，是表现系列化产品关联之中的具体类型。如果统一处理的元素过多，当几个产品放到一起时，就会觉得封面单调、死板，而且不能很好地传达每个产品的独特意义，会减弱各自的个性特征。由于色块的分割从整体系列化角度出发，可以凸显的独特性很受限制，所以只能对不同主题下封面图形的色彩进行特质的强调。色彩的独特性效果如图11-16所示。

图11-15　色彩的整体性　　　　图11-16　色彩的独特性

（3）色彩的识别性

色彩的识别性是指色彩引人注目的特性，包括色彩的易见度、明度、纯度及面积大小等。封面设计中的色彩识别性是一个至关重要的元素，它关乎封面能否在第一时间吸引读者的注意力，并传达出相应的信息和情感。不同的色彩代表着不同的情感和寓意，能够向读者传达出封面的主题或氛围。例如，红色通常代表热情、活力或危险，蓝色则代表冷静、科技或信任等，绿色代表生命、希望、和平友善、环保与健康等，如图11-17所示。

然而，仅有美观的外表，会给人留下华而不实的印象，精要和概括是封面色彩语言传达的要旨。将客观因素与主观因素巧妙结合，用尽可能少的元素传达尽可能多的信息，以增强封面色彩语言的认知程度。

图 11-17 色彩的识别性

任务 2　设计精装书籍封面

任务情境

在书店、图书馆，人们往往会被设计精美的图书所吸引，甚至爱不释手。那么你真正了解书籍封面的构成吗？你想到过自己动手设计一本书籍的封面吗？现在就来一步步亲自完成一套书籍的封面设计吧。

任务分析

本任务完成一款具有我国传统风格的书籍的装帧设计。首先按照书籍的标准规格建立确定书籍封面尺寸的参考线，设计书籍封面背景；然后导入并设置花边及封面、封底的图片素材样式；最后输入各部分文字内容，完成书籍装帧设计任务。

任务实施

1. 制作背景

22 设计精装书籍封面

1）打开 Photoshop，新建文件并命名为"国画名作鉴赏"。设置宽度为 33.8 厘米、高

— 183 —

度为 19 厘米、分辨率为 300 像素 / 英寸、颜色模式为 "CMYK 颜色"、背景为白色。

2）选择"视图"菜单 /"新建参考线"命令，建立参考线。按照书脊宽度为 12 毫米、勒口宽度为 60 毫米、出血为 3 毫米，确定封面、封底、勒口、书脊的尺寸。两根水平参考线的位置分别为 0.3 厘米、18.7 厘米，六根垂直参考线的位置分别为 0.3 厘米、33.5 厘米、6.3 厘米、27.5 厘米、16.3 厘米、17.5 厘米。参考线设置效果如图 11-18 所示。

图 11-18 参考线设置效果

3）设置前景色（C2, M9, Y24, K0），按 <Alt+Delete> 组合键使用当前前景色填充背景图层，得到图 11-19 所示的效果。

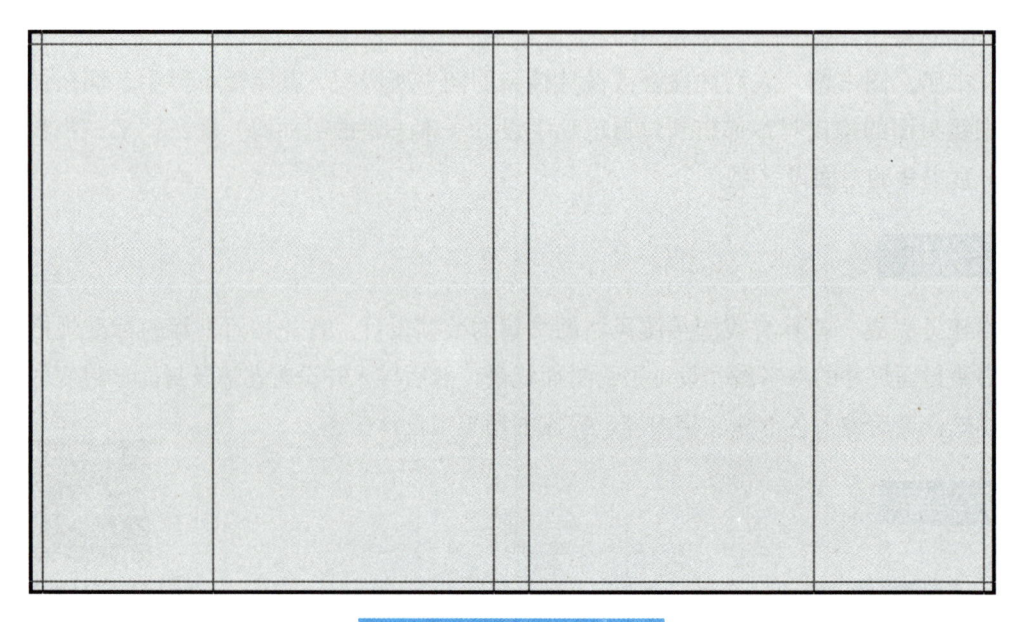

图 11-19 填充背景图层

4）选择"滤镜"菜单/"杂色"/"添加杂色"命令，打开"添加杂色"对话框，设置数量为9%、平均分布、单色，得到图11-20所示的效果。

图11-20　添加杂色

5）置入素材文件"11-2-1.jpg"并置于左下位置。然后按住<Alt>键多次移动复制素材沿下边界摆放，直至右下角边界处。合并所有素材图层，将合并后的图层命名为"素材1"，并设置"素材1"图层的混合模式为"正片叠底"。效果如图11-21所示。

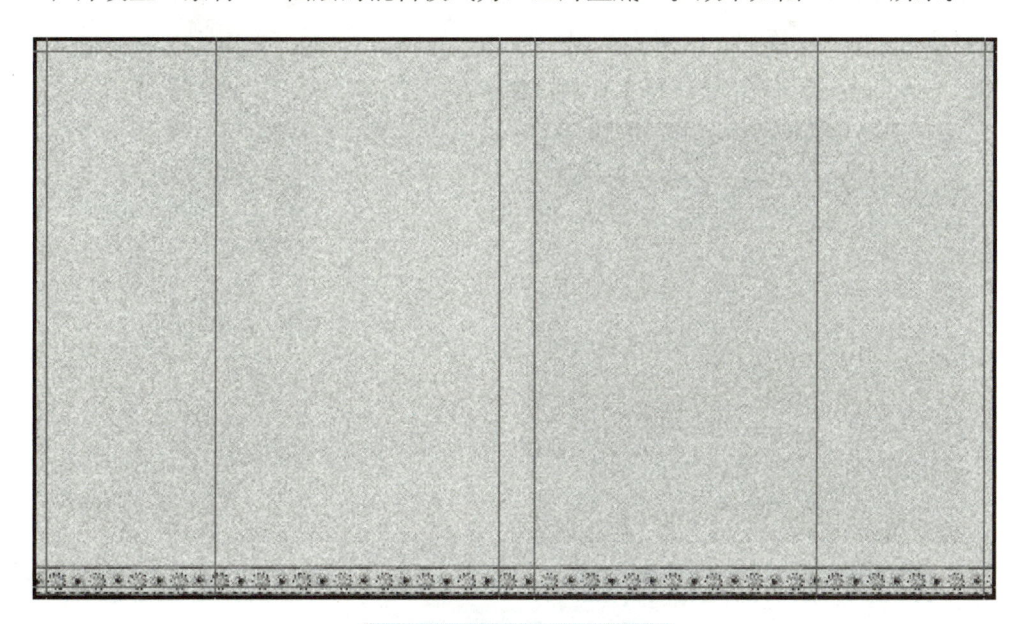

图11-21　底边花边效果

6）复制"素材1"图层，将产生的"素材1副本"图层移至画布的上边界，然后选择

"编辑"菜单/"变换"/"垂直翻转"命令效果如图 11-22 所示。合并"素材 1"和"素材 1 副本"两个图层,将合并后的图层仍然命名为"素材 1"。

图 11-22 顶边花边效果

2. 导入素材

1)打开任务配套素材图片 11-2-2.jpg,单击移动工具将素材图片放到新文件的封面中,并将新图层命名为"素材 2"。给图层添加"内阴影"图层样式,具体设置如图 11-23 所示,得到图 11-24 所示的效果。

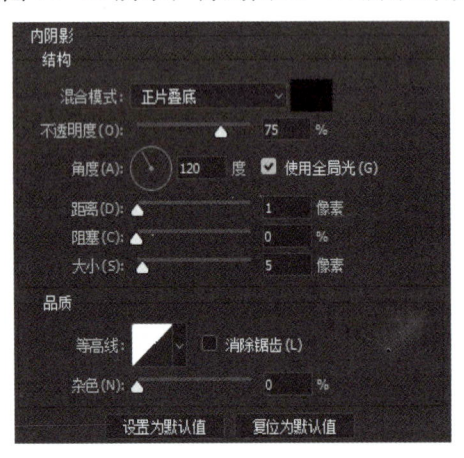

图 11-23 "内阴影"参数设置

图 11-24 "内阴影"效果

2)打开任务配套素材图片 11-2-3.jpg,单击移动工具将素材图片放到新文件的封底中部,并将新图层命名为"素材 3",效果如图 11-25 所示。

3）打开任务配套素材图片11-2-4.jpg，单击移动工具将素材图片放到新文件的封底中部，并将新图层命名为"素材4"，效果如图11-26所示。

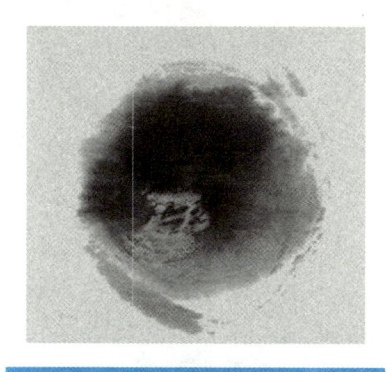

图11-25　导入封底的墨滴素材

图11-26　导入封底的群马素材

4）选择椭圆选框工具，按<Shift+Alt>组合键，单击"素材4"图片的中心位置，拖拽鼠标绘制正圆选区，然后右击，选择"羽化"命令，将选区羽化100像素。单击图层面板下方的"添加矢量蒙版"按钮，得到图11-27所示的效果。

5）打开任务配套素材图片11-2-5.jpg，单击移动工具将素材图片放到新文件的前勒口的中部位置，并将新图层命名为"素材5"，设置图层的混合模式为"正片叠底"，效果如图11-28所示。

6）打开任务配套素材图片11-2-6.jpg，单击移动工具将素材图片放到新文件的封底右下位置，并将新图层命名为"素材6"，效果如图11-29所示。

图11-27　添加矢量蒙版

图11-28　导入前勒口素材

图11-29　导入条形码素材

3．输入文字

1）前勒口文字的输入。在前勒口人物剪影的下方输入作者简介相关文字内容。设置标题文字的字体为"新宋体"、字号大小为8、加粗显示。设置简介内容文字的字体为"新宋体"、字号大小为8。前勒口文字效果如图11-30所示。

2）封面文字的输入。选择直排文字工具，在封面右上位置输入书名"国画名作鉴赏"（字体为"腾祥伯当行楷繁"、字号大小为36、字间距为200）。继续使用直排文字工具在书名左下位置输入文字"壹麦传奇　著"（字体为"幼圆"、字号大小为12、字间距为

200）。效果如图11-31所示。

图11-30 输入前勒口文字

图11-31 输入封面文字

3）书脊及封底文字的输入。选择直排文字工具，在书脊处由上而下分别输入书名"国画名作鉴赏"（字体为"腾祥伯当行楷繁"、字号大小为22、字间距为200）、作者"壹麦传奇　著"（字体为"幼圆"、字号大小为12、字间距为200）、出版社"千里麦香出版社"（字体为"华文宋体"、字号大小为12、字间距为100）。使用横排文字工具在封底条形码的下方输入书籍价格"定价：66.5元"（字体为"宋体"、字号大小为8、字间距为100）及网址信息"www.ymcqpress.com.cn"（字体为"Arial"、字号大小为8、字间距为100）。封底文字效果如图11-32所示。

4）后勒口文字的输入。使用横排文字工具在后勒口的上部输入责任编辑和书籍设计信息（字体为"黑体"、字号大小为10、字间距为200），效果如图11-33所示。

图11-32 输入书脊及封底文字

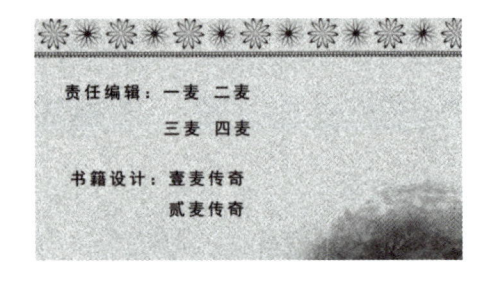

图11-33 输入后勒口文字

5）至此，书籍的封面设计完成，最终效果如图11-34所示。本着精益求精、追求完美的精神，修改调整作品的细节，养成及时保存作品的良好习惯，按<Ctrl+S>组合键保存文件，命名为"国画名作鉴赏.PSD"。

项目 11　封面和装帧设计

图 11-34　书籍封面的最终效果

知识加油站

1．书籍装帧设计的主要内容

（1）护封

护封亦称封套、包封外包封、护书纸、护封纸，是包在书籍封面外的另一张外封面，起保护封面和装饰的作用，它既能增强书籍的艺术感，又能使书籍免受污损。护封一般采用高质量的纸张，印有书名和装饰性的图案，有勒口，多用于精装书。也有用 250 克或 300 克卡纸作内衬外加护封的，称作"软精装"。

（2）封面

封面亦称书面、书衣、封皮、封一、前封面，一般指裹在书芯外面一页的表层。对书籍来说封面包括封一书脊和封四（封底）；而对于杂志来说则还包括封二和封三，封底则印有出版机构的标志、书籍条形码书号、定价。

（3）书脊

书脊又称封脊，是书的脊部，连接书的封一和封底，是书籍成为立体形态的关键部位。通常有三个印张以上的书可在书脊上印有书名、册次（卷集）、著译者、出版者，以便于读者在书架上查找。厚本书籍的书脊可以进行更多的装饰设计。精装本的书脊还可采用烫金、压痕、丝网印刷等诸多工艺来处理。

(4)书函

书函又称书帙、书套、封套、书衣。包装书册的盒子、壳子或书夹均统称为书函。它具有保护书册、增加艺术感的作用,一般用木板纸板和各种色织物粘合制成。

(5)订口、切口

订口指书籍装订处到版心之间的空白部分。订口的装订可分为骑马订、锁线订、无线胶订平订、线装等。

切口是指书籍除订口外的其余三面切光的部位,分为上切口(又称"天头")、下切口(又称"地脚")、外切口(又称"书口")。直排版的书籍订口多在书的右侧,横排版的书籍订口则在书的左侧。

(6)勒口

勒口又称折口,是指平装书的封面和封底或精装书护封的切口处多留 5~10mm 空白并沿书口向里折叠的部分。勒口上有时印有内容提要或书籍介绍、作者简介等。精装书或软精装书的外壳要比书芯的三面切口各长出 3mm,用来保护书芯。

2. 书籍的开本与设计

开本设计是指书籍幅面形态的设计。书籍开本的设计要根据书籍的不同类型、内容、性质来决定,不同的开本会产生不同的审美情趣。不少书籍因为开本选择得当,使形态上的创新与书的内容相得益彰,受到读者的欢迎。

经典著作、理论类书籍、学术类书籍,一般多选用 32 开或大 32 开。此开本庄重、大方,适于案头翻阅。

科技类图书及教材因容量较大、文字和图表多,适合选用 16 开。

儿童读物多采用小开本,如 24 开、64 开,小巧玲珑。但目前也有不少儿童读物,特别是绘画本读物选用 16 开,甚至是大 16 开,图文并茂,倒也不失为一种适用的开本。

大型画集、摄影画册有 6 开、8 开、12 开、大 16 开等,小型画册宜用 24 开、40 开等。

期刊一般采用 16 开和大 16 开。大 16 开是国际上通用的开本。

3. 书籍装帧设计元素

(1)字体

字体选择的原则是字体与整体版面的风格及主题要一致。设计师要根据书籍整体设计的内容与要求来确定,不同的字体有不同的特征和视觉传达效果。

1)宋体字形方正、横平竖直、横细竖粗、棱角分明,适用于书刊正文的排版。

2)仿宋有宋体结构,粗细一致、清秀挺拔,多用于诗歌的排版。

3)黑体字形端庄、横平竖直、笔画等粗、均匀醒目,多用于书刊中书名、标题的排版。

4)楷书的笔画结构稳定、柔和均匀、美观大方,一般用于标题、小学课本及婴幼儿读物的排版。

掌握熟悉字体的特征，对字体创意及字体在书籍设计稿中的运用有着举足轻重的作用。完整的字体设计包括文字的形、音、义整体的传递，能够通过文字起到加深读者对书的主题和内容的感受。

（2）图形

书籍封面上的图形包括了摄影、插画和图案，有写实的、抽象的，还有写意的。封面设计的造型要带有明显的阅读者的年龄、文化层次等特征。例如，对于少年儿童读物，造型要具体、真实、准确，构图要生动活泼，尤其要突出知识性和趣味性；对于中青年和老年人的读物，造型可以由具象渐渐转向于抽象，宜采用象征性手法，构图也可由生动活泼的形式转向严肃、庄重的形式。

（3）色彩

色彩是由书的内容与阅读对象的年龄、文化层次等特征所决定的。鲜丽的色彩多用于儿童的读物；沉着、和谐的色彩适用于中、老年人的读物；介于艳色和灰色之间的色彩宜用于青年人的读物。另外，书的内容对色彩也有特定的要求。例如，描写革命斗争史的书籍宜用红色调；揭露社会的丑恶现象的书籍则宜用白色、黑色；表现青春活力的最宜用红绿相间的色彩。对于读者来说，因文化素养、民族、职业的不同，对于书籍的色彩也有不同的偏好。

（4）骨格（网格）

目前有三种典型的版面设计形式：古典版面设计、网格设计、自由版面设计。

1）古典版面设计是一种以书刊订口为轴心形成左右两页对称的版面形式。图片被嵌入版心之中，未印刷的版心四周围绕文字双页组成一个保护性的框架。

2）网格设计是目前主要版面设计形式之一，是一种在书页上按照预先确定好的格子分配文字和图片的版面设计方法。

3）自由版面设计

自由版面设计形成于美国，由字面意思可知就是对版式进行自由设计。

项目拓展

一、填空题

1．5寸CD盘面的外径尺寸为_____，内圈圆孔直径为_____。3寸CD盘面的外径尺寸为_____，内圈圆孔直径为_____。

2．科技类图书因容量较大、文字和图表多，适合选用_____开本。大型画集、摄影画册，有_____开等，小型画册宜用_____开、40开等。

二、拓展训练

徽派建筑

徽派建筑又称徽州建筑，主要流行于徽州（今黄山市、绩溪县、婺源县一带）及严州、金华、衢州等浙西地区。徽派建筑是徽文化的重要组成部分，一直以来都被中外建筑大师所推崇。徽派建筑在总体布局上，依山就势，构思精巧，自然得体；在平面布局上，规模灵活，变幻无穷；在空间结构和利用上，造型丰富，讲究韵律美，以马头墙、小青瓦最有特色；在建筑雕刻艺术的综合运用上，融石雕、木雕、砖雕为一体，显得富丽堂皇。

任务要求 利用图 11-35～图 11-37 所示的素材图片为徽派建筑宣传画册设计一款封面。

图 11-35 素材 1

图 11-36 素材 2

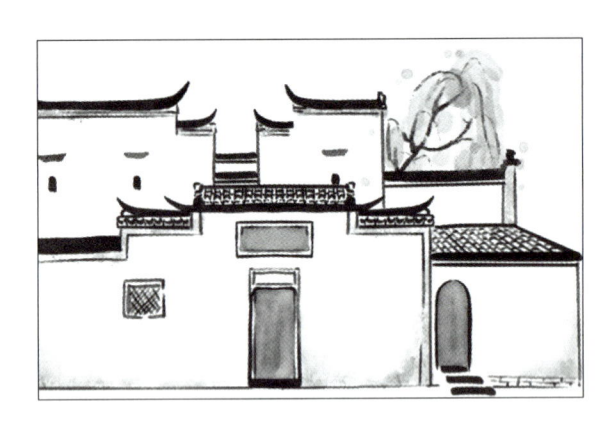

图 11-37 素材 3

任务提示

1．画册常规尺寸为 210mm×285mm、展开尺寸为 420mm×285mm、分辨率为 300 像素/英寸，封面设计应包含正面和封底。

2．画册封面设计要求简洁明了、主题突出。

项目 12
影楼后期制作

项目概述

现代人越来越注意自身形象，对数码照片的审美水平也有提高，各式各样的写真集已不再是明星们的专利。随着这些转变，影楼后期制作也逐渐成为热门行业。本项目通过对人物照片的基本处理，带你进入数码影像的设计领域。

职业能力目标

知识目标

- 了解数字图形图像的基本知识、文件格式、图形图像要素的数字表示。
- 掌握图形图像编辑与特效处理的常用工具和技巧。
- 掌握图形图像的输入技巧及图像的输出方法。
- 熟练掌握个人写真和儿童写真照片的设计思路和表现手法。

能力目标

- 能实现个人写真和儿童写真照片设计。
- 能对图像元素进行处理与设计，并将普通的照片制作成精美的艺术照片。
- 会使用效果图后期处理软件。

素养目标

- 养成开拓创新、积极进取的工作作风。
- 弘扬科学严谨、精益求精的工匠精神。
- 提升整体意识、大局意识、时间意识、效率意识。

任务 1　设计时尚个人写真照片

任务情境

很多人都希望能够将自己年轻时最美的一面记录下来，留待日后欣赏与回忆，于是个人写真设计这一概念应运而生。本任务从尺寸上来说属于宽版型，这样可以在水平方向上拉开更大的空间，并在结构上采用多点布局的方式摆放不同造型的人物图像，用以多方面展示人物。这也是个人写真照片中很常见的一种表现手法。

任务分析

本任务的操作重点之一就是运用蒙版技术，调整图像的色相、曲线等使人物图像完美地融入背景，使整体画面和谐自然；为了丰富画面，再添加一些装饰素材和特效文字，从而增加照片整体的美观性。

任务实施

1. 制作背景

23 设计时尚个人写真照片

1）新建一个宽度为 1660 像素、高度为 790 像素、分辨率为 120 像素/英寸的文件。置入素材 12-1-1 到新建的文件中。

2）按 <Ctrl+O> 组合键打开素材 12-1-2，使用移动工具将其拖拽到新建文件中，并调整它的位置。设置图层的混合模式为"颜色加深"，效果如图 12-1 所示。

图 12-1　制作背景

> **提示** 调整背景文件的位置，按<Ctrl+A>组合键全选，选中移动工具，在属性栏中单击"水平居中对齐"和"垂直居中对齐"按钮即可。

3）按<Ctrl+O>组合键打开素材 12-1-3 人物图像，使用移动工具将其拖拽到新建文件中。按<Ctrl+T>组合键调整文件的大小和位置，设置图层的混合模式为"明度"，为该图层添加蒙版，并为其添加"外发光"效果，设置混合模式为"滤色"，设置不透明度为35%、扩展为 5%、大小为 120 像素、白色，效果如图 12-2 所示。

图 12-2　添加图层蒙版调整后效果

2．绘制装饰图样

1）新建图层 4，使用椭圆选框工具在画布右上方绘制两个正圆形，填充颜色为#42311d，设置图层的混合模式为"正片叠底"，不透明度为 80%，得到图 12-3 所示的效果。

图 12-3　绘制的圆形效果

2）新建图层 5，再绘制三个大小不一的正圆形，填充颜色为#533837。在其中的一个圆形上方再次绘制一个正圆形，选择"编辑"菜单/"描边"命令，设置描边颜色为#533837、粗细为 15 像素，图层的不透明度设为 70%，得到图 12-4 所示的效果。

图 12-4　调整后的图形效果

3．添加人物图像

1）按 <Ctrl+O> 组合键打开素材 12-1-4 人物图像，使用移动工具将其拖拽到新建的文件中，得到图层 6。按 <Ctrl+J> 组合键执行复制图层命令，得到图层 6 副本，设置图层 6 的混合模式为"正片叠底"。

2）为图层 6 副本创建图层蒙版，设置前景色为黑色，在蒙版人物头发部位涂抹，以消除抠图留下的白色杂边，使人物图像更好地和背景融为一体。

3）调整人物的位置和大小，并为图层 6 添加"投影"样式，设置不透明度为 39%、距离为 0、扩展为 0、大小为 29 像素，其他选项保持默认，得到图 12-5 所示的效果。

图 12-5　添加"投影"样式后的效果

4．添加特效文字和其他素材

1）单击工具箱中的文字工具，设置前景色为黑色，字体为"方正超粗黑"，输入文字"桃花依旧笑春风"。按 <Ctrl+T> 组合键执行自由变换命令，调整文字的大小和位置，并为该文字图层添加图层样式中的"外发光"效果，设置扩展为 0、大小为 10 像素，其他选项保持默认。把文字图层的填充设置为 30%，然后输入点缀文字"只为独一无二的你　释放迷人的光彩"，得到图 12-6 所示的效果。

图 12-6　添加特效文字

2）打开素材 12-1-5，将其拖拽到新建的文件中，得到图层 7，调整图像的大小、位置及图层的顺序，并设置图层的混合模式为"变暗"，不透明度设为 70%，效果如图 12-7 所示。

图 12-7　添加其他素材的效果

5．调整整体画面效果

1）单击图层面板下方的"创建新的填充图层或调整图层"按钮，分别设置渐变映射、色相/饱和度、曲线，参数设置如图 12-8～图 12-10 所示。

图 12-8　设置渐变映射　　　　图 12-9　设置色相/饱和度　　　　图 12-10　设置曲线

2）时尚个人写真照片的最终效果如图12-11所示。养成及时保存作品的良好习惯，按<Ctrl+S>组合键保存文件，命名为"时尚型个人写真照片设计.psd"。

图12-11 时尚个人写真照片的最终效果

任务2　设计中国风儿童写真照片

任务情境

儿童永远是消费者核心之一，这一点同样体现在照片写真领域中。对于儿童写真艺术设计，在设计时要注意突出可爱、纯真、稚嫩的主题，并采用一些与儿童性格特点相匹配的元素，在用色上也强调颜色的亮度及饱和度都偏高一些。

任务分析

本任务主要是通过矢量绘画功能绘制简单的图形，再配合一定的传统元素进行整个写真设计的构图排版，所以在操作上主要利用自由变换功能调整图像的大小和位置。另外，在添加人物时，主要利用蒙版功能，将人物与中国传统元素图形融合在一起。

任务实施

1．制作背景

24 设计中国风儿童写真照片

1）按<Ctrl+N>组合键新建一个宽度为4724像素、高度为7087像素、分辨率为200像素/英寸的图像文件。按<Ctrl+O>组合键打开素材图像12-2-1，使用移动工具将其拖拽到新建文件中。按<Ctrl+E>组合键执行向下合并命令，得到图12-12所示的效果。

2）按<Ctrl+O>组合键打开素材图像12-2-2，使用移动工具将其拖拽到新建文件的底部，并将该图层命名为"装饰纹样"，调整装饰纹样的大小及位置，效果如图 12-13 所示。

图 12-12 制作背景

图 12-13 添加装饰纹样

3）置入素材图像 12-2-3，按 <Ctrl+Alt+G> 组合键创建剪切图层，调整装饰纹样的大小及位置，效果如图 12-14 所示。

4）置入素材 12-2-4，调整图层的不透明度为 25%，调整人物的大小和位置。单击图层面板底部的"添加图层蒙版"按钮，为该图层创建一个图层蒙版。使用渐变工具，设置前景色为黑色、背景色为白色，按住 <Shift> 键由下向上拖拽出一个下黑上白的渐变，使人物图像与背景完美地融合，得到图 12-15 所示的效果。

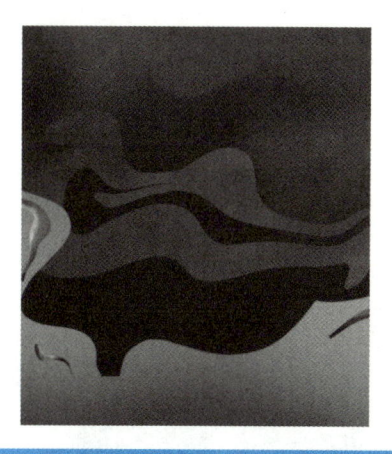

图 12-14 调整装饰纹样后的效果

图 12-15 添加图层蒙版

5）置入素材 12-2-5，调整其大小及位置。按 <Ctrl+Alt+G> 组合键创建剪切图层，并为该图层添加一个"描边"图层样式，设置颜色为 #e48146、大小为 5 像素，效果如图 12-16 所示。

6）分别将素材 12-2-5～12-2-9 置入当前文件中，调整它们的大小及位置，并分别按 <Ctrl+Alt+G> 组合键为它们创建剪切图层。背景的最终效果如图 12-17 所示。

图 12-16　调整图像的位置及大小

图 12-17　背景的最终效果

2．添加人物图像

1）按 <Ctrl+O> 组合键打开素材 12-1-10，使用移动工具将其拖拽到新建文件中，调整其大小和位置，并为该图层添加"外发光"图层样式效果，设置不透明度为 35%、颜色为白色、扩展为 8%、大小为 128 像素，效果如图 12-18 所示。

2）按 <Ctrl+O> 组合键打开荷花素材，使用移动工具将其拖拽到新建文件中，调整其大小和位置，得到图 12-19 所示的效果。

图 12-18　添加人物图像

图 12-19　添加荷花后效果

3）创建文字图层组，打开"赏荷花"矢量素材，使用移动工具将其拖拽到新建文件中，调整它们的大小和位置。按住<Ctrl>键单击图层面板中的赏荷花文字图层，将其载入选区，填充为白色，得到图 12-20 所示的效果。

4）使用文字工具输入"赏荷季""赏荷清性"，字体选用"方正正纤黑简体"、颜色为白色，给"赏荷清性"添加下画线，调整它们的大小和位置，得到图 12-21 所示的效果。

图 12-20　添加"赏荷花"文字素材

图 12-21　添加辅助文字素材

5）为了使整体的画面具有可读性和设计感，再使用直排文字工具分别输入"叶上初阳干宿雨""水面清圆""陪你一起去赏荷""毕竟西湖六月中""风光不与四时同""接天莲叶无穷碧""映日荷花别样红"等文字和连接线作为装饰，分别调整它们的大小和位置。中国风儿童写真照片的最终效果如图 12-22 所示。养成及时保存作品的良好习惯，按<Ctrl+S>组合键保存文件，命名为"中国风儿童写真照片设计.psd"。

图 12-22　中国风儿童写真照片的最终效果

项目拓展

一、填空题

1. 影楼后期处理首先要裁切合适尺寸，需要使用_____工具。

2. 影楼后期修图处理，调整某个部位，能用_____工具。

3. 人像拍摄经常会出现曝光的问题，或者曝光不足，或者曝光过度，或者对比度不合适，从而导致画面雾蒙蒙没有细节层次，可以使用_____、_____、_____等命令来控制画面的明暗。

二、选择题

在设定图层效果（图层样式）时，下面说法正确的是（　　）。

A．光线照射的角度是固定的

B．光线照射的角度可以任意设定

C．光线照射的角度只能是 60°、120°、250°或 300°

D．光线照射的角度只能是 0°、90°、180°或 270°

三、拓展训练

现代简约风格写真设计

现代简约风格写真设计，强调线条简洁与色彩纯净，追求视觉上的清新与舒适。背景通常采用纯色或淡雅色调，凸显人物主体，营造出一种宁静而富有张力的氛围。光影运用细腻，捕捉人物细腻表情与微妙情绪，使画面更具层次感和立体感。构图上注重留白与平衡，让画面既有足够的呼吸空间，又不失整体感。整体设计简洁而不失艺术感，既展现了现代审美趋势，又传递出纯粹、真实的情感与故事，让人在简约中感受到生活的美好与真挚。

任务要求

利用项目 12 所给的练习素材，制作现代简约风格儿童写真设计。

任务提示

结合本项目介绍的设计与表现手法，运用线条、色块、几何形图形制作。

附录

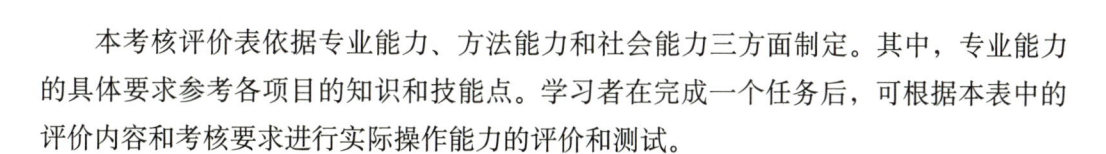

本考核评价表依据专业能力、方法能力和社会能力三方面制定。其中,专业能力的具体要求参考各项目的知识和技能点。学习者在完成一个任务后,可根据本表中的评价内容和考核要求进行实际操作能力的评价和测试。

技能考核评价表

评价项目	评价内容	考核要求	分值	自我评价	小组评价	教师评价
专业能力(30)	基本概念	依据各项目的知识与技能点进行考核	30			
方法能力(50)	主题性	1. 主题突出,积极健康,能够完整地表达主题思想 2. 符合传播诉求,具有鲜明的特征	10			
	创意性	1. 作品诉求表达准确,具有感染力 2. 形式新颖,构思独特,富有表现力,有一定的视觉冲击力 3. 作品能够针对素材进行再加工或者进行原创设计,作品具有独特性	15			
	艺术性	1. 构图合理,画面符合视觉流程 2. 色彩搭配合理美观,主色调突出 3. 画面美观、简洁、明快;版面设计合理、层次分明、布局合理 4. 能够演绎和营造良好的艺术氛围	10			
	技术性	1. 软件应用熟练,作品符合制作要求 2. 制作技术规范,符合行业要求,可以直接交付使用	15			
社会能力(20)	工作态度	1. 能在规定时间内完成项目 2. 有精益求精、追求品质的工匠精神,能反复修改作品,达到理想效果	10			
	行为习惯	能按要求准时到岗,做好个人岗位卫生保洁工作,桌面整洁	10			
加分项	企业评价	行业专家对作品的整体认可度	10			
合 计			110			

参 考 文 献

[1] 麓山文化. Photoshop CC 平面广告设计经典 108 例 [M]. 北京：机械工业出版社，2015.
[2] 冯涛. Photoshop CC 中文版从入门到精通 [M]. 2 版. 北京：机械工业出版社，2015.
[3] 崔炳德，裴祥喜，齐传辉. Photoshop CC 完美广告设计与技术精粹 [M]. 2 版. 北京：机械工业出版社，2014.
[4] 王红卫. Photoshop CC 案例实战从入门到精通 [M]. 北京：机械工业出版社，2014.